鐵達尼效應

新創公司如何管理隱性債務，橫渡充滿冰山的大洋

THE

TITANIC EFFECT

Successfully Navigating the Uncertainties that Sink Most Startups

托德・薩克斯頓
Todd Saxton

M・金・薩克斯頓
M. Kim Saxton

麥可・柯蘭
Michael Cloran

劉奕吟 譯

各界推薦

這本書所描述的精彩故事，掩蓋了背後的專業研究與深入見解。別讓閱讀這本書的樂趣矇騙了你——本書不僅是創辦與發展企業的創業者必讀的書，也是那些有興趣了解創業的經濟運作方式的人，必讀的一本書。

——**大衛．B．奧德烈奇**（David B. Audretsch），Ameritech **經濟發展主席、全球創業獎獲獎人**

我愛這本書！隱性債務的整體概念很完整，它也是我之前曾經歷過，但卻從未定義過的、非常真實的東西。我強烈推薦這本書給新手創業家和經驗豐富的創業家。

——**克里斯．巴格特**（Chris Baggott），ExactTarget、Compendium、Tyner Pond Farm、ClusterTruck **創辦人**

本書的建議不只適用於科技創業家。身為餐廳老闆的我，也曾經歷過成功與失敗。無論是成功或失敗，皆歸因於我在人事、產品、或目標市場方面，所做出的正確或錯誤的決定。若能提前認識《鐵達尼效應》一書中所描述的「債務冰山」，就能幫我省下許多時間與金錢了。

——**蓋瑞．布拉克特（Gary Brackett），Stacked Pickle 老闆兼執行長、印第安納波利斯小馬隊超級盃冠軍**

《鐵達尼效應》對新創公司來說，是一本言簡意賅又簡單易懂的「實地指南」。對創業家而言，它能提供關鍵性、得來不易的洞見，這些洞見通常只能藉由失敗才能學到。對早期階段的投資者而言，它能提供智慧與工具，以便他們有效的評估新創公司，找到屬於自己的投資策略。

——**芭波．卡蒂拉（Barb Cutillo），Stonegate Mortgage Corporation 共同創辦人／財務長／行政長**

投資界經常爭論運氣與技巧之間的區別因素。運氣與技巧都是必要的，但單憑一項也不足以取得成功。《鐵達尼效應》說明了這些技巧，也解讀了難以解讀的運氣，這本書是創業家想在他們旅途中航向目的地的必讀著作。

——**婷・古蒂（Ting Gootee），Elevate Ventures 投資長**

創業者在第一次發展一間新創公司時，最大的盲點之一是「你不知道自己不知道哪些事情」。會讓我徹夜難眠的事情，通常不是我有注意到的問題，或是我知道我必須執行的決策。讓我失眠的通常是來自「我現在遺漏了哪些將來會成為問題的事？」的焦慮。《鐵達尼效應》在回答這個難題上給予很大的幫助，也直接提供每位讀者更多的智慧。

——**史考特・希爾（Scott Hill），PERQ 執行董事兼共同創辦人**

我在美國、中國從事商業發展與策略的多年歲月裡，曾經與大型企業和新科技公司合作過。無論是新創公司還是大型企業，都可以從《鐵達尼效應》中學習到，如果不留意各種權衡就進行創新會帶來什麼樣的危險。我也特別感激，這本書除了有非常棒的美國企業案例以外，還盡心納入美國以外的創業者與新創公司的創業故事。

——吳一鳴（Gilbert Wu），**Aventics 大中華區總裁**

創業相關書籍很多，但很少有書能捕捉到《鐵達尼效應》中所分享的見解、理解，以及可操作的想法。我曾經與這三位作者合作過，他們以有趣且有意義的方式，為所有創業家帶來豐富的知識與經驗。

——**戴夫・沃特曼**（Dave Wortman），**Diagnotes 執行長**

目次

推薦序

二位作者從研究新創公司與協助創業者中獲得的豐富經驗，成為他們在本書中所分享的真知灼見。在過去二十年，絕大部分的時間裡，我很幸運能夠跟他們一起從事各種創業嘗試。從二〇〇一年到二〇〇八年我與托德跟印第安那大學創業中心（Indiana Venture Center）的合作經驗中，充分證明了他有能力將學術知識、研究，以及經驗轉換成創業家的實用經驗。加上金在行銷策略與研究方面的背景，以及麥可・柯蘭身為一名連續科技創業家的深厚知識，構成這個完整的團隊。整體而言，他們對新創公司的挑戰有足夠的了解。

新創公司在人力、行銷、技術，以及策略「海洋」等關鍵領域引來「隱性債務」的概念，是非常有價值的概念。這個重要的觀點，不是創業家文獻中常見的觀點。鑒於新創公司可得的資源有限，這種債務是無可避免的。《鐵達尼效應》提出這種債務如何發生的意識，並探討如何減輕與其相關的風險。冰山指數將這些概念轉化為既有價值又可操作的工具，讓企業創辦人與投資者可以利用這些工具，來分辨這些債務（否則這些債務會被隱藏起來），並成功在它們附近航行。

利用鐵達尼號所產生的債務，來解釋不良債務的後果，是個完美方法。這個方式也為使用冰山、海洋、海、導航這些有趣的比喻提供了基礎。這些圖示是很棒的補充，可以在旅途中視覺化的引導讀者。

對創業家而言，這本書提供的智慧（如果被重視）將能幫助企業創辦人，增加他們成功的可能性。對於那些對新創公司好奇的人而言，本書能讓你更深入的了解這些剛起步的組織，以及它們面臨的挑戰。對每個人來說，這本書以獨特的方式，有趣的講述一件為人所知的悲劇事件。

我謹代表現在的創業家、未來想成為創業家的人，以及他們的支持者，感謝兩位薩克斯頓與麥可．柯蘭對創業做出這項重要的貢獻。

推薦者　麥可．哈特菲爾德

創業家。他曾創辦、建立、以及退出幾間新創公司，包含 Cerent、Calix 以及 Cyan。目前是 Carium 的執行董事兼共同創辦人，Carium 是一間總部位於加州佩塔盧馬、以醫療保健為基礎的軟體公司。他畢業於羅斯豪曼理工學院與印第安納大學凱萊商學院。

自序

我們三個人都投入超過二十年的時間，與成千上百個創業家、學生、畢業生、企業團體，以及我們自己的新創公司合作。身為天使投資人與創業界的參與者，我們也看過數百場新創公司的投售（pitch）。在這整個活動中，我們注意到在「創業家早期決策如何在日後限制他們」（限制他們的成功，或導致他們失敗）的議題上，存在某些一致的模式。正如你將在第二章中所見，我們試圖汲取這些教訓，跟我們的學生、新手創業家，以及早期階段的投資者分享。早期的演講與研討會，成為這本書的種子。我們要感謝奧斯卡．莫拉雷斯建議我們寫這本書，讓我們能夠透過印第安納州最大的天使投資人脈網 VisionTech Partners，接觸到許多新創公司，並且在整個過程中鼓勵我們。

寫一本書有點像是創辦一間公司。我們從一個產品構想（知識）出發，我們認為它能幫忙解決市場上的痛點——也就是創業失敗。我們假設，我們初期的客戶是創業家與投資者。接著，我們必須把這個構想發展成一項實際的產品（書籍、工具以及研討會），找出擴大產量的方式，然後有效的傳播它。我們一路走來背負著屬於我們的隱性債務，不過我們很幸運的得到了幫助與支持，使得這些隱性債務化成冰山塊（bergy bit），而不是會導致我們沉船的冰山島（iceberg island）。

起初，我們也面臨著與創業者相同的挑戰，這也是我們建議創業者應該盡早在旅程中解決的挑戰——尋找產品市場契合度（product/market fit）。我們要感謝 DeveloperTown 和 VisionTech Angels 的合作夥伴，讓我們跟它們和它們的利害關係人，一起測試我們初期的架構與鐵達尼號的比喻。

接著，在印第安納波利斯舉辦的創新展示會（The Innovation Showcase）為我們提供了一個有架構的投資者培訓平台。我們的 β 測試來自克莉絲汀．庫柏與 The Startup Ladies，他們是第一批學習與使用冰山指數的創業家。這些創業家的正面回饋，驗證了我們的概念。我們最常聽到的話是「三年前你們在哪裡？」——我們深感抱歉，但此刻我們在這裡！

一旦確立產品市場契合度，接著配銷——就是對所有企業而言最重要的事。你必須找到一種方法，把你的產品推到市場上。在我們團隊中，有些人熟悉學術出版社，但我們的目標不僅僅是學生與教授。因此我們必須搞清楚，創業家與投資者該如何找到這本書。我們很驚訝的發現，書籍出版業務有多麼複雜。我們特別有興趣的是，聽說哪些出版社更關心你的粉絲追蹤人數，而不是你的內容。我們最喜歡的評論是，「當你的電子郵件名單上擁有五萬人時，請打電話給我們。」我們很幸運透過一位作家，同時也是以前的學生——邁克・班夕（Mike Bensi）——找到出版社。

此時，我們擁有等同於線框圖（wireframe，亦即介紹性的章節與書的大綱）的書，與一間相信我們的出版社。接下來，我們必須開發產品——也就是寫這本書。我們正式進入創辦人債務時期（參考第三章）。有了三位意志堅強且充滿熱情的「共同創辦人」，我們每個人對於如何把構想化為手稿都有自己的想法。因此，我們開始把它寫出來，然後獲得市場回饋，以解決我們自己的A／B／C測試。感謝邁克・哈特菲爾德（Mike Hatfield）與珍妮・柏頓（Jenni Burton）願意告訴我們：「我們的寶寶雖然有點醜，但很有潛力。」他們的意見回饋，促使本書的組織結構與範例的使用產生重大轉變。

我們還要感謝其他人——以前的學生克里斯・哈納漢（Chris Hanahan）與蘇丹・珊姆格山德倫（Suddan Shanmugasundaram），還有朋友與家人格雷格・湯森（Greg Townsend）、布拉德・薩克斯頓（Brad Saxton）、喬治・薩克斯頓、琳西・薩克斯頓（Lindsey Saxton）以及麥肯西・薩克斯頓（Mackensey Saxton）。他們提出的意見回饋發揮重要的作用，讓我們了解哪些核心概念難以理解。許多人也提供各種零星的回饋。

如同我們在第三章中所討論，企業創辦人不太會具備成功所需的所有知識與能力。以我們的情況來說，我們明顯缺乏我們故事中一項關鍵組成的知識：冰山。感謝雪菲爾大學的格蘭特．畢格（Grant Bigg）教授，向我們分享他的見解，也為我們進行了與冰山事實相關的全面性檢查。他的研究團隊也很善意的提供我們冰山的圖片，放在本書第二章的內容裡。

此刻，我們有了產品的外觀——書中的文字。但是，單憑文字還沒辦法提供效果很好的用戶體驗。感謝協力編輯亞曼達．克羅斯（Amanda Cross）接納我們最初的作品，並將它琢磨得更容易閱讀，也更準確無誤。若沒有她的幫助，這將會是另一種完全不同的讀者體驗。更重要的是，亞曼達面臨著一項艱鉅的任務，也就是在三位寫作風格迥異的共同作者之間，創造出一種相似的表達方式。

接下來，史都華．沐恩（Stewart Moon）透過視覺效果與設計特色，實踐我們的想法，讓內容更容易被記住與消化。蘇菲亞．拉斐爾（Sophia LeFevre）、喬．卡明斯（Joe Cummings）以及DeveloperTown的全體員工，在設計與技術知識上提供有用的資訊。珊卓拉．傅拉德分享她在貝爾法斯特鐵達尼號紀念館（Titanic Belfast）的研究與她拍攝的冰川照片，她的分享激發網站上的其他創意。還要感謝卡里．培格勒（Kari Peglar），為我們的想法提供學術性的支持，以及坦納．考爾特（Tanner Coulter）對鐵達尼號的研究。當然，還有出版社的團隊，他們將這些元素全部融合在一起，呈現出色的成品，非常值得讚揚。

每間新創公司都生存於一個擁有組織與人的生態系統當中。我們要感謝我們 Venture Club of Indiana（簡稱ＶＣＩ）、Powderkeg、Indiana Venture Center（包括史蒂夫・貝克〔Steve Beck〕）、Elevate Ventures、VisionTech Angels、Society of Physician Entrepreneurs（簡稱 SoPE），以及 The Startup Ladies 獲得的第一手經驗。我們很幸運能夠加入一流的商學院，它不僅認可與獎勵研究，也很支持消除研究領域與企業界差異的嘗試——感謝印第安納大學凱萊商學院投入時間、支持以及資源，成就這本書。凱萊商學院的支持，促使我們得以透過德國馬克斯普朗克經濟研究所（Max Planck Institute for Economics）與澳洲布里斯本的天使投資人脈網，接觸全球範圍的創業精神。

在鼓舞我們、允許我們在他們身旁共事的創業家面前，我們也顯得相形見絀。他們的名字多到我們無法逐一列出，但我們想特別感謝其中的一些人——ＰＥＲＱ軟體公司的史考特・希爾與安迪・梅德利（Andy Medley）；FAST BioMedical 的喬・馬爾頓（Joe Muldoon）；ExactTarget、Compendium、食品與技術新創公司投資組合的克里斯・巴格特；Diagnotes 的戴夫・沃特曼；Costello 的法蘭克・戴爾（Frank Dale），以及 MavenSphere 的巴勒斯・白納格利（Bharath Bynagari）。如果沒有感謝喬・米拉佐（Joe Milazzo）、賈里德・潘特卡（Jared Pentecost），以及鮑柏・托勒（Bob Toller）與我們的第一次重大創業活動，我們就無法結束這份感謝名單。再次感謝許多其他人的共同見解，對我們的努力成果帶來很大的貢獻——你們知道我們在講的是誰。

沒有資金，新創公司就沒辦法生存。我們希望這本書，對於新創公司的早期階段投資者與支持者，具有實質性的作用。除了我們已經特別提到的天使投資人以外，我們還要感謝其他讓我們從他們身上學習的投資者。感謝Flare Capital Partners的丹·格布拉米頓（Dan Gebremedhin）、U.S. Venture Partners的強納森·路特（Jonathan Root）、Revolution Ventures的大衛·戈登（David Golden），以及Golden Seeds的比爾·惠特克（Bill Whitaker），跟我們分享創投投資者如何看待，具有投資吸引力的新創公司與成長企業。

最後，感謝所有「鄰家創業者」用你們的熱情激勵我們，分享你們的經驗，以及展示你們追求夢想的堅定毅力。我們希望這本書能成為你們旅程中有用的導航工具。

第一章 緒論

「隨著這艘美麗的大船，以高大、優雅、光彩四射的身影前進，在陰暗無聲的遠處，冰山也在靠近。」

——湯瑪士．哈代（Thomas Hardy）

「讓我開始吧。」

——滾石樂團（Rolling Stones）

一九一二年四月，鐵達尼號從英國南安普敦啟航前往美國的那天，是個涼爽但很晴朗的日子。啟航四天後，在接近午夜時分，鐵達尼號撞上毀滅性的冰山主體，往下沉入大西洋冰冷的深處。它距離紐約港——那是白星航運（White Star Line）及它的乘客預定的最終目的地——還很遠。一半以上的乘客與多數船員都罹難了。

鐵達尼號已經成為史詩般的失敗象徵。它驚險的故事成為無數故事與電影的創作靈感，用以描述自認為「大到不能倒」的災難性後果。儘管所有故事一再複述，但大多數人仍然不曾聽聞，有關最終導致這場災難的一系列小決定。

白星航運在建造鐵達尼號和首次出航的過程中，遇到許多**不確定性**。公司是否能克服船隻歷史上的技術問題與悲劇？多大的船對於遠洋客輪而言算太大？造船廠是否能在幾乎要同時建造另外兩艘大小相同的船之際，將鐵達尼號做得合乎標準？在一艘工程奇蹟的船上工作的必要工作人員，是否也是一位能勝任其他任務的健康海員？一款為富裕、知名的頭等艙乘客設計的產品，如何滿足大量三等艙乘客的需求？在不犧牲安全性的前提下，公司能採用什麼樣奢華、美觀的房間？企業主與造船商必須在不完全了解這些決策後果的情況下，做出許多選擇。不幸的是，這些後果都是致命的後果。

在不確定性中確定航行方向，是創業家的基本任務。要生產什麼、如何生產、跟誰合作、賣給誰，以及如何為公司的成長募集資金，這些都只是創業家面臨的許多不確定性中的一小部分。每一個決定都會產生意想不到的結果——而大部分創業家與他們的支持者無法預料這些衍生結果，會對**新創公司**的生存能力產生影響。這些意想不到的結果產生了限制、義務、看法、以及期望，它們可能會限制成功，或甚至使新興的新創公司沉船。我們將這些在不確定性中確定航向的潛藏後果，稱之為**隱性債務**（**hidden debts**）。

事實上，鐵達尼號的故事就像許多失敗的**創投企業**（**venture**）一樣，她的故事就是隱性債務累積的一種，在她的船身靠近大冰山之前，也可能會被小冰山撞出破洞。追根究底，失敗是源於那些如小冰山般的債務——或稱「債務冰山」（debtbergs）——的累積效果，而不是「不可阻擋的力量，遇上不可移動的物體」的單一事故。

對於鐵達尼號而言，這些隱性債務在工程的各個方面，逐漸被累積起來：

- 提供資金、建造，以及營運這艘船的人
- 踏上這段致命之旅的客戶們的多樣化需求
- 設計與建造這艘豪華大船所面臨的工程挑戰

什麼是隱性債務？

我們多數人會以財務的角度來看待債務——你欠銀行或其他債權人多少房貸、信用卡或汽車貸款。對於創業者來說，如果她能夠獲得銀行貸款，那麼金融債務就是公司所借的錢，這些債務很容易分辨和確定價值。管理這些債務當然很重要，如果你沒辦法償還它們，就會帶來麻煩！

不過，在創業環境中，債務往往以其他不那麼明顯可見的形式出現。就像是一座冰山，浮在水面上可見的債務組成部分，掩蓋了潛藏在水面下更大且更多問題的非金融性債務。在不確定性中航行時，要分辨關鍵決策上的**權衡**，評估其結果是很困難的。因此，我們將**隱性債務**定義為，在不確定性中航行的非預期結果。企業家精神中有未知的特性，意味著企業創辦人可能無法輕易分辨這些債務，或者無法知道如何避免或償還這些債務。承擔這些債務可能是必要的，這麼做也許能讓一間新創公司走向成功——或者失敗。我們希望能夠幫助創業家與其支持者，分辨這些隱性債務可能存在的地方，並幫助他們成功橫渡等待他們的債務冰山海洋。

隱性債務從何而來？

儘管大部分的人都沒有聽過隱性債務，但隱性債務並不是新東西；許多隱性債務在歷史上有前車之鑑。幾世紀以來，這些問題一直困擾著創業家——像亞伯拉罕．林肯（Abraham

Lincoln）總統這樣幸運的創辦人，也曾因為他開雜貨店失敗，掉入隱性債務的陷阱中（參考第三章）。

參與創辦一間公司的人，從創辦人、投資者、顧問、到第一批員工，都是隱性債務的來源之一。早期階段的團隊，可能會具備適合創立公司所需的所有條件，但是它能藉由在技能與資源方面，產生未來必須彌補的隱性債務，繼續進展下去。

談完有關人的隱性債務之後，我們要談談行銷與技術的選擇，這些領域是新創公司必須靠著比它實際所需更少的資金勉強生存的領域。技術領域對你來說可能不陌生：**技術債務（technical debt）**的概念成為資訊科技產業常見的說法，也已經有一段時日了，技術債務是指科技創業家的早期選擇或錯誤，最終限制了其企業的規模化能力或成長潛力。有關作者所討論的技術債務，如何引發所謂的隱性債務的故事，請參見第二章。

隨著**精實創業（Lean Startup）**和快速實驗並反覆改良的普及，全球創業家都已經接受戰略轉向（pivot）的觀念——即在創業的早期階段，創辦人應該根據市場回饋，快速的進行實驗並重新定位。[1]在確定公司全力發展的方向之前，獲得客戶回應與市場回饋，是有很多好處的。然而，每一次的戰略轉向，亦創造了一系列新創公司必須橫渡的隱性債務冰山。這些債務冰山，最後可能會導致精實創業像鐵達尼號一樣，成為無數冒險殘骸中的一員，淪為經濟海洋底層之謎。

就鐵達尼號而言，隱性債務以多種方式表現出來。例如，你可能不知道這些花絮：

- 白星航運（鐵達尼號的擁有者）建造鐵達尼號與它的姐妹船之前，在一位主要投資者的堅持下，更換了造船商。
- 為了方便鐵達尼號可以為有錢的旅客提供一個更大、更豪華的餐廳，它的主要隔艙板不符合設計規範。
- 船的外部所使用的鉚釘是不合格的材料。
- 很遺憾的，在船上的全體工作人員當中，缺乏知道如何裝載救生艇的健壯海員。

這些因素以及更多因素，為鐵達尼號的沉船埋下禍根，而此次沉船對海商法與安全措施產生數十年的影響。即使今天，這些系統性的變化也依然存在。在創業領域，我們已經看到類似的漣漪效應。舉例來說，二〇一二年的新創企業啟動（Jumpstart Our Business Startups，簡稱ＪＯＢＳ）法案，幫助小型與新型企業克服許多方面的不確定性，但也為一些新創公司，創造新的不確定性和隱性債務的來源。

預言

在鐵達尼號沉船的十四年前，作家摩根·羅伯森（Morgan Robertson）寫下短篇小說《徒勞無功》（*Futility*）。在這部小說中，一艘名為泰坦號（Titan）的巨型郵輪（同類型的船中最大的一艘），在四月撞上冰山然後沉船。雖然許多人稱讚羅伯森未卜先知的能力，但他只是指出，在冰山密布的航道上增加船隻的規模與流量，會使這種事件發生的可能性更大。不過，這艘船的名字，確實讓這個巧合詭異得令人恐懼。[2]

我們為什麼要寫這本書？

你可能已經注意到了，這不是一本關於成為明星創業家，以及找出獲得巨額財富關鍵、讓人感覺美好的書。如果我們想寫一本鼓舞人心的故事，我們大概就不會在書名中加入「鐵達尼號」。我們可以一字不差的告訴你，某間出版社的反應（透過電子郵件）：

「……一本關於創業融資與募資的隱藏風險，與如何找到正確方法應對這些隱藏風險的書：天才！以鐵達尼號做為中心比喻的一本書，（對於追求成功的讀者來說）讀者的第一反應會是：你們瘋了嗎？」

儘管如此，我們認為創業界已經準備好接受這樣一本書，可以談論創業者在創辦公司時面臨的所有挑戰，因為在不了解隱性債務的情況下，將使隱性債務越累積越多。承擔債務並不一定是壞事——只要你意識到這件事，並對它加以管理。我們可以從自己與其他人的失敗中學習，好讓自己更有能力發現且避免未來的災難。

主流媒體盡是創業樂土與明星創業家這類樂觀的傳奇故事——像是戰略轉向的成功，或是借住在父母的地下室，讓車庫創業變得生動有趣。反觀，像是長期努力的成果、成千上萬個失敗的新創公司、數百萬小時徒勞無功的努力，以及數億投資者投入在失敗的創業中的損失，都是比較不知名的故事。曾在哈佛大學擔任教授的諾姆．華瑟曼（Noam Wasserman）探討這些創業失敗的原因，他將其描述為「創辦人的兩難」[3]，並詳細闡述創業發展的不同階段，及創辦人必須做出的艱難選擇。我們這本書的努力成果，便是建立在這個更偏向以問題為中心（也更現實）的創業之旅上面。

我們知道約有70%到80%的創業都失敗了。[4]這甚至還沒有反映出，從未真正起步、在餐巾紙背後剛萌芽的構想。這是一個勸人謹慎的故事嗎?當然是。然而，我們設法教導你（溫柔的讀者）隱性債務的危險，以便你可以成功橫渡產品上市的危險海域，並在你的旅程中，找到新創公司抓客力的夢想之地。

我們為誰寫這本書？

在我們寫這本書時，我們心裡想著幾種類型的讀者：創業家、創業家的投資者與支持者，以及一般讀者。

對於早期階段的創業者來說，[5]我們的作品提出有關企業構成與發展的重要問題：

- 你是否有為創辦人與其他人制定一份**股份行權（vesting）計畫**，用以階段性的獲得**股權**？
- 你是否安排好在市場上進行實驗的時機，避免讓最好、最有可能的早期客戶失去對你的信心？
- 你的技術平台是否夠便宜，讓你不必在沒有市場回饋的情況下「孤注一擲」，但也具備足夠的靈活性與規模化能力，得以在不慘敗的情況下發展企業？

- 在你經歷融資周期時，是否擁有一套**策略**，能夠橫渡人力、技術、以及行銷方面的債務來源？

本書能幫助你分辨出一些隱藏的危險與問題所在，它們可能在你構想首次啟航之前或期間，使自己陷入困境。我們在整本書的導航計畫提示中，提出一些分辨與避開冰山的具體建議。雖然這些提示可能跟創業家最切身相關，但它們也同樣能幫助投資者／顧問，以及風險企業的支持者。

對**早期階段投資者**與創業家的支持者而言，我們可以提供相關指導，告訴你如何評估你可能正在考慮要投資、或援助的新創公司。早期階段投資可能很冒險，有70％或更多的投資可能會讓你抱大鵝蛋（也就是說，沒有報酬）。但是，投資也可能是值得的，無論是在財務上，或是幫忙讓一個構想變成可規模化的現實。許多早期階段投資者，都糾結於如何評估新創公司的潛力，及如何發現當中不可告人的祕密。正如本書可以幫助創業家自我評估隱性的創業債務一樣，它也可以幫助早期階段投資者，發現代表危險信號的紅旗，以便區分金鵝與鵝蛋。在這些紅旗當中，我們特別將其中一些紅旗列出，做為像是投資者／顧問與創辦人的瞭望台，當作可能引發冰山危害的早期預警系統。

對於一般讀者來說，即使你不打算創立或投資一間公司，你肯定也會遇到那些打算創立或投資公司的人。當你聽到想當老闆的人說「於是我有這個構想……」時，我們希望我們的書，能為你提供有趣且信息豐富的方式一起討論（甚至是有貢獻的討論）。我們也希望你能享受跟鐵達尼號與其沉船有關的，更豐富且更深入的見解，以及一些關於冰山與新創公司的有趣事實。

聰明的讀者如何瀏覽這本書？

我們試圖以對讀者友善的方式設計這本書，讓這段閱讀之旅更輕鬆。以下是一些關於如何開始的建議：

- 如果你整個旅程中都在船上，那就請繼續閱讀下去與享受吧。你將會了解鐵達尼號、新創公司，以及許多失敗和成功的風險企業。
- 如果你對歷史、鐵達尼號以及冰山不太感興趣——但熱衷於了解新創公司的隱性債務——那就請你粗略的瀏覽第二章，它的內容是鐵達尼號與冰山的相關歷史，然後進入核心內容的第三章至第七章。

● 如果你想使用我們的架構（冰山指數），著手衡量你自己的風險企業或投資的隱性債務，那麼你可以從第八章開始。

我們希望這本書不僅僅是一次性的閱讀——我們知道，當我們聽到一位創辦人在他的創業之旅中，把一本折了角、畫了重點、經常拿來查閱的書，放在她的書桌上時，我們就已經成功了。

你能從這本書中獲得什麼？

在下個章節，你將會讀到本書的創始過程，以及白星航運與鐵達尼號的歷史，做為背景的介紹。我們還會詳細介紹冰山如何形成，它們如何移動與變化，以及在海洋中等著的冰山類型與大小。

我們要藉由概述冰山指數來總結本章。冰山指數能引導你分辨、評估，以及管理各種類型的隱性債務。在這個章節中，我們將會讓你了解，隱性債務有多麼像冰山，並且探討許多可能導致你沉船的因素其實都在水面之下。

在接下來的核心章節中（第三、四、五、七章），我們透過分辨隱性債務的四個不同來源（或稱「海洋」），延續這個比喻：

- 人力之洋，包含共同創辦人、投資者以及顧問；早期員工；以及其他與人有關的債務冰山來源
- 行銷之洋，包含因為客戶與市場相關的選擇，而引起的市場區隔、**市場定位**，以及執行等債務冰山
- 技術之洋，包含早期產品與技術選擇，所產生的驗證、設計，以及開發等債務冰山
- 策略之洋，包含橫跨其他海洋的綜合挑戰等所創造的債務冰山

在探討策略之洋之前，我們會暫時離題一下，先列出策略的定義中一些更重要的觀點，及它們與新創公司之間的不確定性關係。

每一個債務海洋都反映初創辦人在創立他們的新創公司時面臨的決策。在每個海洋的相關章節中，我們會詳細說明隱性債務（海）的主要類別，接著找出可能導致創業失敗的特定隱性債務（各種規模的債務冰山）。在這個框架下，你可以將風險企業視為一艘船，而這艘船在各種不同活動的大洋中，試圖橫渡充滿冰山海的險境。

每個核心章節包含類似的組成：

- 在每個核心章節所談論的海洋中，我們會找出白星航運與鐵達尼號，在它們旅程的

早期階段，所形成的一些非金融隱性債務。

查看這個圖示，能找到鐵達尼號的故事。

- 在每個核心章節所談論的海洋中，我們會討論風險企業的隱性債務來源。

這個圖示能指出隱性債務的討論。

- 我們會列舉可凸顯這些債務冰山的失敗與成功企業案例。
- 在章節中與結尾處，我們會為創業家與投資者提供一些提示，以幫助他們在可能導致他們的新創公司失敗的不確定性來源中，找到航行的方向。

在此圖示下，可以找到橫渡隱性債務的導航計畫。

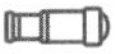

在此圖示下，是可以分辨出暗示險境的「注意！」紅旗。

我們提供的「注意！」與導航計畫提示，直接對應我們在第八章中詳細介紹的冰山指數工具。另外，注意以**粗體字**表示的專有名詞。

背景故事

在此，我們藉由一些例子來說明我們的概念。為了探討不同的債務冰山如何影響這些公司橫渡海洋，其中一些例子，包含 Clif Bar、Airbnb、Instacart、千詩碧可蠟燭公司（Chesapeake Bay Candle）以及 TRX，會出現在本書多處內容中。身為跨越不同類型的產品與市場的知名品牌，它們證明了即便是最終成功的新創公司，一路上也會和具破壞性的冰山交鋒。而其他我們提及的例子中，那些未能航行得夠遠，無法成為廣受認可的品牌的創業團隊，則毀於它們在旅程的早期階段所積累的隱性債務。

為了讓我們順利使用這些例子，先介紹一下這些有趣且最終成功的企業創辦人，他們都遇到各種形式的隱性債務，而且都挺過來了。[6]

Clif Bar／**蓋瑞・艾瑞克森**（**Gary Erickson**）

今天，Clif Bar 是家喻戶曉的營養棒品牌。創辦人蓋瑞・艾瑞克森協助管理過一間自行車座椅公司，且參加過自行車比賽。他擁有創業熱情，在他還是學生時就創辦一間公司。艾瑞克森第一次嘗試創辦公司時，他把他的創業愛好與他母親的烹飪技巧結合，創立了以他祖母命名的 Kali's Sweets & Savories。這間公司做的是希臘式披薩餃，銷售到舊金山的熟食店。這次創業明顯無法收支平衡，因此艾瑞克森繼續從事他的正職。後來，一九九〇年，有一天艾瑞克森在一趟一七五英里的腳踏車路程中，當他試圖勉強嚥下第六根營養棒，突然間他有了靈感——這個世界需要美味但健康的營養棒，供戶外運動愛好者與活動量大的運動員享用。Clif Bar 的種子便因此播下。

Instacart／阿柏瓦・梅塔（Apoorva Mehta）

Instacart 不是創辦人阿柏瓦・梅塔創辦的第一間新創公司。事實上，根據《洛杉磯時報》（*LA Times*）的報導，梅塔在超市配送公司大獲成功之前，已經有過二十個失敗的點子。[7]有關梅塔的第一個重大努力，是一個律師社群網，他募資到一百萬美元，但由於人力債務，這個創業很快便失敗了。他在亞馬遜（Amazon）的資訊科技背景與供應鏈經驗，為他提供成功所需的創新熱情，但卻沒有提供他律師社群網所需的知識。所幸，他對創業、物流，以及技術的熱愛，最終與他對超市體驗的厭惡相結合，促成 Instacart 的構想，並於二〇一二年成立該公司。

Airbnb／喬・傑比亞（Joe Gebbia）

喬・傑比亞創辦Airbnb是為了滿足一個非常具體的需求：他的房租已經增加25%，使得支付各種帳單變得越來越有難度。大約在二〇〇七年左右，他和他的室友正在舊金山實行多個創業構想，但是Airbnb是在無計可施的情況下起步的。他們對房租補貼收入的需求某個事件相交：舊金山的設計大會提前，讓該地區的所有酒店房間銷售一空。傑比亞與他的室友有額外的空間和一些氣墊床，他們願意跟前來參加大會的人分享。傑比亞在羅德島設計學院的學歷，讓他對目標市場感到放心。在傑比亞離開普洛威頓斯時，他也曾讓一位陌生人睡在他家——在一連串的巧合下，他接待一位剛到這個地區的陌生人一晚，起初他覺得不太自在，但最後他覺得這麼做很有意義。一切來得很剛好，就像是上天的安排，氣墊床（AirBed）與早餐（Breakfast）的結合，使Airbnb誕生了。

千詩碧可蠟燭公司／徐梅（Mei Xu）

千詩碧可蠟燭公司創辦人徐梅，在中國出生與成長，從小被當成外交人才來培養。徐梅曾加入一個特殊培訓課程的菁英團隊，以加強中國與其他國家的商業關係。她第一份工作的職位稱不上光鮮亮麗，是在離丈夫很遠的工廠裡記錄庫存。不過，這對夫婦移民到美國，加上徐梅在進出口方面接受的訓練，結合流利的中文，為她在紐約的醫療設備出口商工作奠定堅實的基礎。她額外花時間——許多額外的時間——在離她工作地點很近的精品百貨Bloomingdale's閒逛。然而，當時她的丈夫位在華盛頓哥倫比亞特區。她的工作很難激發她的熱情，於是在一九九四年，徐梅決定離職，利用她的跨文化訓練與意識、進出口背景，以及在貴婦百貨裡數小時培養出的時尚品味，開始嘗試一些新事物。在嘗試各種產品之後，蠟燭成為她的重點。千詩碧可蠟燭公司便是在這趟旅程中逐漸發展而成的。

TRX／藍迪·海崔克（Randy Hetrick）

一九九七年，在一次東南亞的反海盜任務中，TRX系統的創辦人藍迪·海崔克——當時是一名海軍海豹突擊隊隊員，正在尋找一種可以在小型軍事住處、有限空間內鍛煉身體的方式。在這種環境下，運動器材與度假村健身房通常不太充足。偶然的，海崔克不小心打包了一條舊的巴西柔術腰帶，與可以使用的降落傘織帶。需要為發明之母。經過些許的縫製與大量的實驗，海崔克發明TRX系統，或稱為全身性抗阻力訓練系統。這是一個適當的開始，而最終的成功需要大量的縫製、商業訓練，以及海豹突擊隊要求的抗拉強度。大約在八年後，TRX於二〇〇五年正式成立，創造可觀的生意，也幫助許多健康的運動員。

你的航海里程可能會變化

雖然我們希望這本書能與許多類型的創業家、投資者，以及新創公司的背景相關，但我們建立的一些導航計畫肯定也會有例外。

例如，與軟體創業活動相比，生命科學創業活動在籌資與監管批准過程上，會面臨完全不同的軌跡。這些差異會使得我們橫渡技術、行銷，以及人力債務的平衡方式，變得不合適。一間醫療器材公司，甚至在遇到行銷與人力之洋中我們談到的一些冰山之前，可能就得投入數千萬美元於開發與監管批准（橫渡技術之洋）。對於一間開發新藥的生物科技公司來說，上述投入的數字可能超過十億美元。替代能源與其他受到嚴格監管的行業，也可以說是在同一艘船上。這類案例可能需要延伸一些我們的指導方針，才能分辨與管理人力、行銷、技術，以及策略之洋中的冰山。

有些冰山也在我們的模型之外。舉例來說，隱性債務的法源對創辦人的航行來說，也可能一樣很重要。何時、如何保護智慧財產權；公司創立時應該採用什麼樣的法律與稅務結構；哪些方面應該保持私有，當作「獨家祕方」的一部分；以及如何、何時使用商標與版權；這些都是重要的問題。我們鼓勵創辦人向他們的會計師、律師、或當地小型企業發展中心或商會諮詢，以獲得這些領域的指導。

拔錨啟航

正如史蒂夫・凱斯（Steve Case）在他的著作《第三波數位革命》（*The Third Wave*）[8]中指出，下一代的創業機會將會需要利害關係人在策略的發展與執行上投入更多的思考。想讓你在宿舍裡創造的ＡＰＰ能夠病毒式傳播，會變得越來越不可能。新一代的創辦人必須克服複雜的競爭、利用合作夥伴關係，以及應付前所未有的不確定性，才能在危險的新創公司海域中找到航行方向。

獻給那些創辦公司、資助公司或支持創業界的勇敢船長，繼續閱讀下去吧！是時候拔錨啟程了。

第二章
為什麼是鐵達尼號與冰山？

「只有一座冰山抓住了全世界的想像力，它讓相信科技的人不再傲慢，它讓我們了解北大西洋的奇觀與危險。它就是讓鐵達尼號沉船的那座冰山。」

——理查．布朗（Richard Brown）

「你像冰一樣冷漠。」

——外國人

本書的發想過程能回答本章節想提出的問題：鐵達尼號到底跟**新創公司**有什麼關係？另外，冰山是如何被納入其中的？

這要追溯到幾年前，本書的兩位作者薩克斯頓出席一場技術債務演講。當時第三位作者麥可．柯蘭正在報告。柯蘭與他的合作夥伴，創立一間設計與開發方面的顧問公司DeveloperTown，為新創公司提供共享工作空間，幫助新創公司與大公司更了解、更善於管理技術債務。他報告的內容有關技術債務的風險，以及DeveloperTown如何使用工具與戰術來避免其破壞性的影響。

技術債務不是一個新名詞，也不是由我們提出的名詞。它是指新創公司在軟體與技術開發方面的早期選擇，可能會限制其未來的規模化能力與成長潛力（請參閱第五章）。柯蘭透過公開演講結合他在DeveloperTown的工作，經常為創業者與創新者提供建議，告訴他們如何避免或管理技術債務。

對兩位薩克斯頓（行銷與策略教授／創業教授）而言，技術債務的討論為他們提供一個框架，來找出這種債務的其他類型。他們在與早期階段的客戶溝通和驗證、市場定位，以及品牌選擇等相關問題上，也看過類似的癥結。新創公司雖然可以利用早期的行銷選擇，來測試廣告訊息的傳遞與價值主張，但是在公司要進行**戰略轉向**時，相同的這些選項，也可能會讓市場對公司的看法停留在過時的理解。同樣的，投入新創公司的人（共同創辦人、投資者和顧問以及第一批員工）可以是資產——或是拖累新創公司的巨大船錨。

基於這些觀察，兩位薩克斯頓向柯蘭提出共同演講的邀請，這個演講闡明許多可能導致各種不同**隱性債務**的選擇，而且不只是技術債務。我們的邏輯如下：

1. 創業家在創辦他們的**風險企業**時，必須在**不確定性**中航行。
2. 在不確定性中航行，需要做出帶來意外結果的選擇，因為創辦人不可能預料到所有事情。
3. 意外結果在新創公司的各層面，包含人力、行銷以及技術領域，會以隱性債務的形式顯現出來。
4. 這些隱性債務日後可能會限制新創公司的潛能，甚至導致新創公司失敗。
5. 創業家與**早期階段投資者**將受益於發現、衡量，以及管理這些隱性債務來源。

我們的任務是幫助創業家與其支持者，分辨並管理這些隱性債務，也就是在不確定性中航行的自然副產物。有了隱性債務的想像當作驅動力，冰山立刻浮現在腦海中，因為冰山大部分的主體都在看不見的水面下。當我們以冰山與它們造成的傷害為起點展開故事，有誰不會想到鐵達尼號呢？

因此，我們第一次演講的標題變成《鐵達尼效應：隱性債務如何讓你的企業陷入困境》。這是一個具煽動性的標題，我們還想確保鐵達尼號不只是個引人注目的標題。我們的研究結果，不僅強化我們認為鐵達尼號是個好比喻的直覺，也讓我們對它的沉船有了令人震驚的洞察，使用這個故事做為創業失敗的隱喻，也將我們引導至全新的方向。

這些雷同之處始於船隻的設計、建造以及運作流程。在這些領域上的選擇，既促成災難，也增加傷亡人數。把鐵達尼號跟技術債務串連起來很容易。白星航運（建造鐵達尼號的公司）與其領導者、投資者，以及所有工作人員的歷史，為新創公司提供隱性人力債務的對照素材。過於多樣化的客戶群與混合型的價值主張，跟新創公司的行銷債務形成鮮明的對比。

二〇一五年七月，在印第安納州的創新展覽會上，我們的第一次演講似乎頗受好評。在接下來兩年裡，這個概念不斷的發展，我們也多次向創業家與早期階段投資者演講。很快的我們意識到，要拓展我們的想法，並與更多的創業家、投資者，以及新創公司的支持者分享這些想法，需要新的傳播機制，正如同任何一位優秀的創業家所做的事情。於是，出書的構想因此誕生。

但是，一本書就夠了嗎？對於創業家與投資者而言，我們擔心一本書可能會太過抽象而無法讓他們付諸實行。我們需要發展與提供一個配套工具，幫助讀者把這些概念轉化為具體的事物。因此，我們加入冰山指數。

冰山指數是我們為了落實本書概念的嘗試，也為了讓感興趣的讀者提高他們新創公司成功的機會。在本章後面，會有更多關於冰山指數的內容，這項工具亦是第八章的重點。

既然現在你已經了解，以上緣由在我們的故事中有多大的意義，那麼關於白星航運與鐵達尼號的歷史引言，似乎是我們開啟旅程的適當起點。你將會了解冰山、澳洲淘金熱、48度線（48th parallel）的重要性、冰山融化時的聲音以及其他綜合訊息。即使有些待確認真實性的趣聞，跟我們原則上的故事略有偏離，我們仍希望額外的內容能讓你覺得很有趣。

如果你對白星航運、鐵達尼號冰山或一般冰山不感興趣，你可以快速瀏覽過本章的第一部分，但請確保一定要細看那些**粗體字**的名詞與其定義。為了充分理解我們在整本書中使用的冰山比喻，這些定義非常重要。另外，請仔細閱讀冰山指數的部分。這稍後能夠幫助你了解如何衡量新創公司的隱性債務。

反之，如果你跟我們一樣，認為自己對航海歷史與壯觀、致命的冰山很感興趣，那就繼續閱讀吧！

白星航運與鐵達尼號的歷史

讓我們先來看看白星航運的歷史。十九世紀中期到二十世紀初期，這間公司成為將人們遷移到樂土的領軍公司。一八四五年，白星航運成立於英國利物浦，在一八四〇年代後期，它以快速帆船提供前往澳洲淘金的航程（參見方框）。經濟蓬勃發展與尋找寶藏的「南方之國澳洲」，創造出前往澳洲的一定需求，而白星航運很樂意滿足這項需求。

澳洲的淘金熱

一八五一年，愛德華·哈格雷夫斯（Edward Hargraves）根據他在加州的經驗，在澳洲一處發現黃金。後來他把他發現金礦的所在地命名為俄斐，以紀念聖經中所羅門王（King Solomon）時代資源豐富的小鎮。澳洲新南威爾斯州與維多利亞州成為極受淘金者歡迎的目的地，而且確實有許多人挖到黃金。一八五〇年代，澳洲生產全世界三分之一以上的黃金，繁榮時期的維多利亞州在僅僅兩年內，人口從七萬七千人增加到超過五十四萬人。相比之下，加州淘金熱的兩大高峰年分，大約只有十七萬人。

白星航運的第一次失敗發生在一八五四年，當時該公司的快速帆船皇家郵輪泰勒號（*RMS Tayleur*）首次航行前往澳洲，卻在愛爾蘭的蘭貝島上觸礁。[9]船體中含鐵的成分，顯然混淆了指南針與船員，使他們認為自己正通過愛爾蘭海，向南航行。但實際上他們正直直向西開往愛爾蘭。

由於導航與航行的錯誤，這艘船沉了。船上所有工作人員中，海員的少於50％，而且有十名船上的工作人員不會說英語。六五二名乘客中，有一半以上罹難。技術與人力的錯誤結合，縮短了一段難以開始的旅程，並且被稱為「第一艘鐵達尼號」。[10]

儘管白星航運公司早期遭遇此挫折，但在它營運的前二十年左右（主要業務為載旅客前往澳洲），仍然成長並維持獲利。然而，在一八六七年之際，為白星航運的強勁成長提供資金的利物浦皇家銀行（Royal Bank of Liverpool）倒閉。這導致白星航運缺乏資金，陷入嚴重的財務困境。在白星航運公司破產後，湯馬斯．伊斯梅（Thomas Ismay）在一八六八年收購其資產。伊斯梅是一位在造船與航海方面有家族背景，且對鐵製輪船充滿熱情的人。他決定將業務重點擴大到蒸汽船領域，並為越來越受歡迎的美國航線提供服務。另一片樂土在向他招手。

白星航運換新老闆後，擁有的第一艘船是皇家郵輪海洋號（*RMS Oceanic*），它建造於一八七〇年。由於一系列改善船隻性能與乘客舒適度的創新，海洋號成為白星航運在十九世紀後期的可靠船隻之一。儘管在它的處女航中，為了解決軸承過熱的問題曾短暫中斷，但海洋號仍然取得成功。

然而，在一八七三年，白星航運遭遇另一次災難性的損失。皇家郵輪大西洋號（*RMS Atlantic*）是白星航運的新老闆上任後建造的第二艘船。大西洋號帶著十八次成功航行的佳績，在一八七三年三月二十日啟程前往紐約。由於大西洋號需要煤炭，因此它將加拿大諾省哈利法克斯納入其行程。卻由於暴風雨（部分原因）——但也因為一系列的船員失誤，包含沒有合適的瞭望台、偏離航道十二英里，又沒有看到燈塔——導致船隻觸礁。因為救生艇的不當裝載，加上布滿岩石的危險海岸，一半以上的郵輪工作人員與乘客喪生。第二次，條件與糟糕的決策導致白星航運的死亡事故與重大損失。

伊斯梅沒有因此卻步。白星航運組織再次重新振作，從一八八〇年代到下個世紀初期，它蓬勃發展，繼續提供前往美國的運輸服務，並透過它的快速運輸為自己創造出差異化。例如，白星航運的一艘皇家郵輪日耳曼號（*RMS Teutonic*）在一八八九年，以最快速度橫渡大西洋而贏得藍絲帶獎（Blue Riband）。

在此期間，投資者古斯塔夫・克里斯提安・施瓦柏（Gustav Christian Schwabe）與伊斯梅洽談。施瓦柏強力要求更換造船商，當作為白星航運的成長提供資金的交換條件。他希望白星航運改用一間名為Harland and Wolff的造船公司。施瓦柏的侄子古斯塔夫．沃夫（Gustav Wolff）是Harland and Wolff公司的共同創辦人，這絕非巧合。鐵達尼號就是新造船商的船隻之一。

白星航運及其主要競爭者皇后郵輪公司，為了擁有運輸速度最快的船隻，參與屬於它們的十九世紀「太空競賽」。然而，速度提升變得越來越難以維持，特別是大型船隻。這場競賽需要花錢，但隨著競爭越演越熱，交通運輸的費用正逐漸下降。花費增加與收費下降的組合，使得白星航運在十九世紀與二十世紀交替之際再次陷入財務困境。一九〇二年，J. P. 摩根（J. P. Morgan）新成立的國際商業海運公司（International Mercantile Marine Co.），買下白星航運。

J.P. 摩根——這個人、這間公司

約翰．皮爾龐．摩根（John Pierpont "J.P." Morgan）生於一八三七年，卒於一九一三年（鐵達尼號沉沒的隔年）。他原本計畫在鐵達尼號的處女航行時登船，但很幸運，最後一刻的心理矛盾阻止了的旅行。他的簡歷相當豐富，曾參與奇異公司（General Electric）、AT&T、國際收割機公司（International Harvester），以及和美國鋼鐵公司（U.S. Steel Corporation）的成立。

在鐵達尼號構想成形的那一年，他在協助銀行擺脫危機上，發揮了重要的作用。在一九七〇年的恐慌期間，大眾對紐約的銀行普遍擔憂，引發大量拋售股票。然而，摩根跟立法者和其他銀行家合作，為失敗的公司提供補貼，並購買股票與資產。

該公司在一九九六年與大通銀行（Chase Bank）合併後，成為今天的摩根大通（JPMorgan Chase）繼續營運。它是美國最大的銀行之一。許多人可能還記得，始於二〇〇七年的銀行業危機與經濟大衰退，正好是一九〇七年大恐慌之後的一百

年。在這次的衰退中，摩根大通於二〇〇八年透過收購，紓困貝爾斯登公司（Bear Stearns）與華盛頓互惠銀行（Washington Mutual）等銀行。但是，不同於它們在一九〇七年贏得救世主的地位，這次政府認為它們的行為是掠奪與破壞平衡，因此在二〇一三年被美國司法部（Department of Justice）罰款一三〇億美元。

我們可以從中得到兩個心得：第一、歷史它確實會重演；第二、你應該考慮在二〇〇七年放空銀行股！

一九〇七年，當時湯馬斯・伊斯梅的兒子約瑟夫・布魯斯・伊斯梅（J. Bruce Ismay）是白星航運的董事長。他會見威廉・裴禮（William Pirrie）勛爵（白星航運兼 Harland and Wolff 公司的董事），在酒會晚宴中為白星航運策劃新的**策略**：規模。如果以速度取勝的成本太高，或許改變規模與奢華程度，會更具可持續性。這個新策略得到新老闆摩根的認可。鐵達尼號跟它的姊妹艦皇家郵輪奧林匹克號（RMS *Olympic*）和皇家醫療船不列顛號（HMHS *Britannic*），反映這個從追求速度到追求規模的改變。這是一步災難性的戰略轉向。

如你所見，鐵達尼號和白星航運面臨著各種組織與人事上的變動、挑戰以及問題。所有權的轉變、投資者的需求、新的造船商，以及船上工作人員的能力，通通比鐵達尼號的建造還重要。在設計、建造以及運作方面，都對於注定失敗的鐵達尼號，起了推波助瀾的作用。

關於冰山

開始計劃本書時，導致鐵達尼號沉船的冰山只是我們的一個附註說明、一個背景。但當我們更了解鐵達尼號的沉沒，也更了解冰山之後，我們便開始對冰山產生興趣。

冰山是複雜且多變的結構，可能需要經過幾世紀才能形成，然後在短至幾週的時間內就消失，它們在水面上看起來很小（雖然你能看見的部分可能已經比你真實理解中的還大）。冰山是個如此緩慢且巨大的存在，以至於人們在海洋的壯麗景色中面臨危險時，可能忘了留意它們的存在——也忘記它們的力量。這種詩情畫意，跟導致新創公司失敗的力量很類似，讓我們有了將冰山延伸角色的靈感，使其成為我們衡量與管理隱性債務的基礎概念。

冰山一開始是更大型的冰塊的一部分，像是冰棚或冰川。一旦冰山從更大的冰塊崩離而「誕生」（這個過程也被稱為「冰裂作用」），它們的壽命就會變得很有限。它們會隨著海洋的潮汐與洋流逐漸融化，直到它們成為海洋的一部分。這個過程可能會花上好幾週或好幾個月，實際情況取決於冰山的大小與水的溫度。11

冰山的放大版與縮小版

在大西洋中，80%以上的冰山來自格陵蘭的巨型冰帽。五十萬年前，格陵蘭確實是一片綠地，但幾個世紀的降雪與寒冷的氣溫，讓它成為一個不適合人們居住的地方，也成為冰山產量豐富的冰山工廠。大西洋的冰山季節大約從二月一日持續到七月三十一日。

可想而知，冰山另一個主要發源地在地球另一端的南極洲附近。「冰山」這個詞源於北歐語言的冰山一詞（很可能是荷蘭語的「冰山」（ijsberg）一詞）。

冰山的形狀和大小有很多種。其中兩種基本類型的形狀是：

- 平頂：平頂冰山有陡峭的側面與平坦的頂層表面。
- 非平頂：包含更有趣、外觀更奇特的冰山，像是圓頂、尖頂以及楔形。12

平頂冰山，林肯大學愛德華．漢娜（Edward Hanna）提供

楔形冰山，雪菲爾大學茱莉．瓊斯（Julie Jones）提供

平頂冰山，雪菲爾大學戴洛・A・斯威夫特（Darrell A. Swift）提供

圓頂冰山，愛德華・漢娜提供

二〇一七年的大冰山

在二〇一七年七月十日至七月十二日之間，有史以來最大的冰山之一，從南極洲的拉森冰棚（Larsen Ice Shelf）崩離。好幾個月前，科學家與狂熱的冰山觀察者已經追蹤它可能發生冰裂作用了。這個龐然大物最初的重量達一兆噸，面積將近六千平方公里。以面積來看，它的大小相當於美國的德拉瓦州，或盧森堡國土的大小。

你可能會認為冰山都很巨大，但其實它們的大小各式各樣。儘管根據美國國家冰雪資料中心（National Snow & Ice Data Center）的說法，它們最後都會變得很小，小到足以放進你的伏特加湯尼裡，但它們必須至少有五公尺高（或大約十六英尺），才能符合「冰山」這個崇高的稱號。[13] 更次級的冰山子類別則有豐富多彩的名字，如「**小漂冰**」（growler，小型汽車或卡車的大小）和「**冰山塊**」（一間倉庫或火車車廂的大小）。最大的冰山群被稱為「**冰山島**」。歷史紀錄中最高的冰山超過五五〇英尺，比五十五層樓的建築物還高。[14]

冰山塊，珊卓拉．傅拉德提供

我們在這個章節後面會討論的冰山指數中，使用了幾種大小不同的冰山。有關冰山大小的比較圖表，請參閱第五十四頁的圖。

有鑒於冰與海水的相對密度，阿基米德原理從一開始就暗示，大約90%的冰山主體都隱藏在水面下。隨著冰山進入較溫暖的水域，潛藏在水中的部分會比暴露在水面上的部分融化得更快，因此當冰山變得頭重腳輕時，它可能會「翻身」。這是一個很壯觀的景象，但請保持你的距離！

我們以為冰山是海洋裡沉默而宏偉的居民，但顯然冰山會產生各式各樣的噪音。[15]當被困住的氣體，隨著冰山融化而溢出時，它們會發出劈啪作響的爆裂聲，或像氣泡飲料倒出時產生的嘶嘶聲，這種聲音被人們親切的稱為

「冰山蘇打水」（bergy seltzer）。德國科學家更發現，從冰川融化出來的水流過冰山時，能發出很高的音調，只需稍加修改就是人耳可以聽見的聲音——它跟火山的輕微震動產生的聲音不同，更類似於管弦樂團熱身時的調音聲音。[16]冰山誕生過程中的冰裂作用既混亂又響亮，其發出的轟鳴聲與墜落聲響，堪比好萊塢的最佳動作片。冰山雖然雄偉壯觀，但它絕對不是無聲的（至少在某些階段）！

實用的海冰型態之規模參照

碎冰：寬度小於兩公尺（六英尺）

小漂冰：小於五公尺（16 英尺）
餅狀冰：30 公分 ～ 3 公尺（1 ～ 10 英尺）

冰山塊：5 ～ 15 公尺（16 ～ 50 英尺）
浮冰塊：寬度 3 ～ 20 公尺（6 ～ 65 英尺）

小型冰山：15 ～ 60 公尺（50 ～ 200 英尺）
小型浮冰：20 ～ 100 公尺（65 ～ 328 英尺）

中型冰山：61 ～ 122 公尺（201 ～ 400 英尺）
大型冰山：123 ～ 213 公尺（401 ～ 670 英尺）

中型浮冰：100 ～ 500 公尺（328 ～ 1,640 英尺）
超大型冰山：大於 213 公尺（670 英尺）
大型浮冰：500 公尺～ 2 公里（1/ 3 ～ 1 英里）

冰山相對大小圖

鐵達尼號冰山

多年來，關於促使鐵達尼號沉沒的那座冰山（通常被稱為「鐵達尼號冰山」）的年代、起源以及路徑，出現過許多理論。幾乎所有理論都認為，它是源於格陵蘭的冰山，然後沿著洋流到達它跟鐵達尼號相遇的位置。據描述，它當時的長度介於兩百至四百英尺之間，明顯小於最初的一英里大小。關於它的旅程花了多長的時間以及冰山的原始大小，人們的看法則大相逕庭。

關於冰山最初的報告，是來自鐵達尼號的倖存者，與附近範圍內其他船上的乘客的目擊敘述。當時附近有許多船隻，包含畢亞馬號（*Birma*）與美沙巴號（*Mesaba*），有些船隻甚至在當天稍早的時候，就發出信號警告船隻注意冰山。然而，最後是從紐約航行前往奧地利與匈牙利的皇家郵輪卡帕西亞號（RMS *Carpathia*）抵達現場救援倖存者。這艘船是鐵達尼號的競爭對手皇后郵輪公司所擁有的船，它從冰凍的水與救生艇上，救出七百多名乘客與工作人員。但不幸的是，由於通訊不順暢，距離鐵達尼號最近的船隻，在第二天才回應求救信號。據說，在鐵達尼號撞上冰山後，離它最近的加州號（*Californian*）一直到隔天早上才回應，顯然是由於鐵達尼號要求停止通訊。

這是一張可能是鐵達尼號冰山的照片，由卡帕西亞號拍攝

一九八三年，理查・布朗出版一本專門介紹鐵達尼號冰山的書，名為《冰山的海上旅程》（*Voyage of the Iceberg*）。布朗在書裡寫道，鐵達尼冰山的最大嫌疑對象，在一九一二年四月、鐵達尼號災難發生的十八個月前或更久之前，從位於雅各布港冰峽灣的格陵蘭冰帽上崩離。他描述，冰山在撞擊之時長達一百碼、重一百萬噸，有一百英尺位於水面上，五百英尺位於水面下。布朗的構圖敘述很詩情畫意，描繪宏偉的冰山美景，及其從巴芬灣到紐芬蘭大淺灘的旅程。確實，優美的故事情節掩蓋該主題致命的本質。

鐵達尼號真相（*Titanic Facts*）網站[17]是鐵達尼號許多方面的相關資訊寶庫，裡面有大部分專家眼中真實的鐵達尼號冰山真相，如下所示：

- 它誕生於一九〇九年，耗時二到三年才抵達相撞地點。
- 倖存者估計冰山高度約五十至一百英尺。
- 從船員觀察到這座冰山，到鐵達尼號與它相撞，這之間大約只有三十秒的時間。
- 在撞擊發生的前後，它每天悠閒的移動八英里。
- 形成冰川的初期積雪，是早在一萬五千年前就下的雪。

在過去幾年裡，雪菲爾大學的格蘭特・畢格教授與團隊的研究，提供一些有關鐵達尼號冰山生成經過的證實，及一些不同的發現。畢格在二〇一六年出版《冰山科學及其與全球變遷的關聯》（*Icebergs: Their Science and Links to Global Change*）一書。

根據英國的《每日鏡報》（*Daily Mirror*）報導，畢格與他同事的研究（如書中記載）表示，鐵達尼號冰山的形成是從超過十萬年前的雪開始，[18] 比前面的估計還要更早。多年來，他的團隊擁有豐富的洋流數據，讓他們能夠更深入的了解冰山航行的可能路徑與長度。

該團隊也對天氣型態進行研究，指出四年前的異常溫暖與雨季，產生有利於冰裂作用的環境。這段相對較短的時間（按照全球標準），不應該使我們認為鐵達尼號是全球暖化的早期受害者！這項研究只是為過去的理論（認為太陽黑子與潮汐，是導致一九一二年航道中的冰山活動增加的原因），提供另一種替代理論。[19]

國際冰情巡邏隊（International Ice Patrol）

國際冰情巡邏隊成立於一九一三年，即鐵達尼號沉沒後的隔一年，其任務是「監測北大西洋的冰山威脅，並向海上團體提供相關的冰山警告。」巡邏隊主要利用飛機目視，並在二月到七月這段冰季期間，對危險區域進行感測器掃描。在國際冰情巡邏隊成立的一百多年裡，收到（和聽從）它發出的冰山威脅警告的船隻中，沒有一艘船沉沒過。[20]

鐵達尼號的船長是否知道有人曾在該地區發現冰山？可能知道——在撞上冰山的兩天前，船隻已經收到八次冰山警告的電報。然而，電報技術對於航運來說是新技術，而且船隻可能還沒有制定好一套流程，來向關鍵決策者傳達警告的發生率與強度。這為創業家提供一個很好的教訓：只有訊息是不夠的！你需要的機制，不只要能夠獲得良好的、目前有效的訊息，還要能夠將這些訊息傳達給正確的人，並對其採取行動。

冰山指數

我們的目標之一是幫助創業家與早期階段投資者，不僅能夠辨認新創公司累積的隱性債務，還要能夠衡量與管理它們。由於這個目標，我們創造冰山指數。這個工具能夠指引你找到這些債務，並且量化它們。

在我們的比喻中，新創公司就是一艘船。創辦人與全體人員正駕駛這艘船，橫渡各種海洋，而這些海或洋代表創業的不同層面——人（人力之洋）、行銷（行銷之洋）以及產品構思（技術之洋）。「債務冰山」是特定隱性債務的外在型態，它們居住在這些海中，可能會對新創公司造成危害，或使其沉沒。它既不是完美的比喻，也不是字面上的比喻。然而，我們相信它能代表航向創業之海的風險，而且鐵達尼號是個有趣且多采多姿的故事，可以當作這個比喻的主軸。這個主題同時也反映出，創辦人在創辦他們的公司時，必須在不確定性中航行。

新創公司必須橫渡的最大水域是**洋**。而每一片汪洋中會包含一系列較小的**海**或其他分類（海洋學家，請容忍我們把海的比喻放到這裡）。由於特定的債務來源是各種規模的冰山，因此每一片海中都會有冰山漂浮，或相關的冰山群。

我們發展出隱性債務的四大洋（每一片都單獨成立一個章節），每一片汪洋中包含一些小範圍的海，如下所示：

- **人力之洋**：這個章節主要探討跟新創公司有關的人員，如何產生隱性債務。其中的海包含創辦人、投資者／顧問，以及員工。
- **行銷之洋**：這個章節主要探討新創公司跟客戶與競爭對手之間的關係，如何產生隱性債務。其中的海包含市場區隔、市場定位以及戰術。
- **技術之洋**：這個章節主要探討產品、服務或軟體的技術基礎，如何產生隱性債務。其中的海包含驗證、設計以及開發。
- **策略之洋**：這個章節主要探討企業的整體方向，跟另外三大洋之間的相互關係，如何產生隱性債務。其中的海包含整合、衡量以及責任歸屬。

在詳細描述這些層面與它們的構成之後，第八章會提供更多訊息，讓你了解如何利用冰山指數，讓自己從中受益。請參考我們的網站[21]，以獲得更多工具，這些工具能夠幫助你持續計算、追蹤你的新創公司的冰山指數分數。

有幾座冰山曾被指控是促使鐵達尼號沉船的肇事者，因為它們在附近海域被發現，而且符合大致上的描述——是個令人遺憾的冰山罪犯特徵分析案件。我們可能永遠無法確切知道，事實上是哪座冰山捲入此案。在一個堪比夏洛克・福爾摩斯遇上的神祕案件中，證據完全在幾週之內融化了。科學與歷史只能提供猜想，無法提供確定的事。然而，這場事故將永遠被記錄為航海傳說中的一個關鍵事件，也是改進水上救生安全的一個觸發因素——以及現在這個工具（讓創業家與投資者在橫渡不確定性時，可以監控隱性債務對其剛起步的風險企業的影響）的靈感來源。

最可能的鐵達尼號冰山

人力之洋

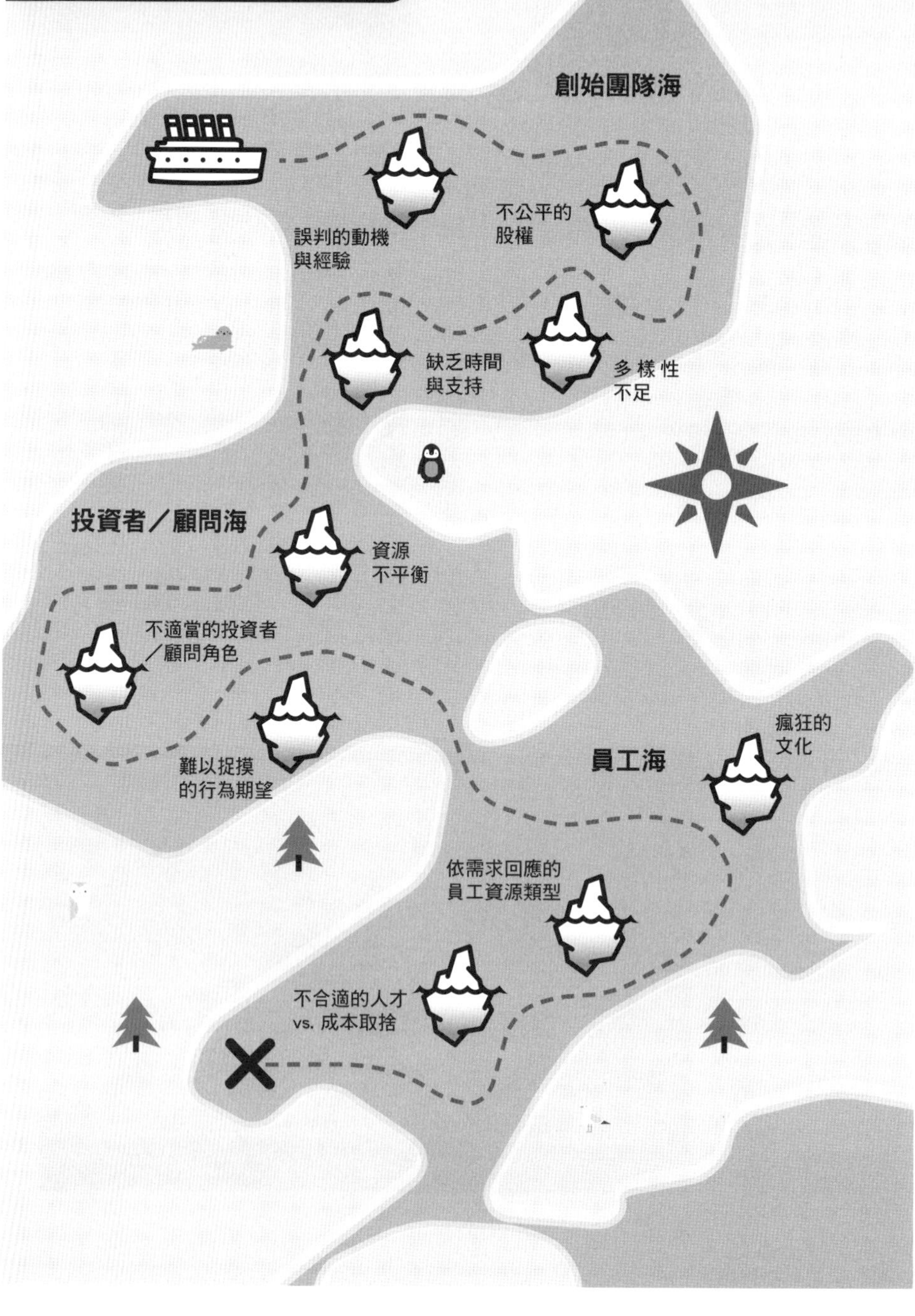

創始團隊海
誤判的動機
與經驗
不公平的
股權
缺乏時間
與支持
多樣性
不足
投資者／顧問海
資源
不平衡
不適當的投資者
／顧問角色
難以捉摸
的行為期望
員工海
瘋狂的
文化
依需求回應的
員工資源類型
不合適的人才
vs. 成本取捨

第三章　人力之洋

「生活是一艘遇難的船，但我們絕不能忘了在救生艇上唱歌。」

——伏爾泰（Voltaire），由彼得・蓋伊（Peter Gay）釋義

「我們都需要有個人能依靠。」

——比爾・威德斯（Bill Withers）

我們將探討的第一種**隱性債務**就是人力。任何一個好故事，都必須從了解主角與配角開始，才能欣賞故事情節。創辦人不是唯一參與創業之旅的人。共同創辦人、應援團成員（像是顧問與投資者），以及新創公司第一批員工的存在（或不存在），都有助於其發展軌跡。這些人組成船員，他們能協助啟航，並駕駛這間有前景的新創公司通往成功。如果需要救

生艇的救援時，他們也可能是創辦人唯一的陪伴者——如果創辦人選擇得好，那麼他們會願意在此時唱歌！

在第二章當中，你已經了解一些有關白星航運與鐵達尼號的歷史，包括該組織的歷史與一些關鍵，以及各式各樣的角色。在本章節中，我們將深入探討新創公司在人力之洋中，會遇到的三個冰山海，並揭示更多有關鐵達尼號的人力問題。人類的行為是不可預測的，因此如果沒有對人力可能創造的債務冰山進行豐富的討論，那麼即使是最有希望的新創公司，也會無法橫度**不確定性**。人力之洋中的海包含：

- **創始團隊海**——船的駕駛台上有合適的領導團隊
- **投資者／顧問海**——找到合適的資助者／支持者
- **員工海**——雇用合適的人員

創始團隊海

白星航運有一組有趣且不斷變化的領導者在經營公司。每個領導人都代表著公司不同的策略與重點，並帶來了不同的關係。

創辦人約翰・皮爾金頓（John Pilkington）與亨利・威爾森（Henry Wilson）於一八四五年，在英國利物浦成立公司，提供前往澳洲的航程。經歷一八六〇年代的財務困境後，領導權與所有權於一八六八年轉移到湯馬斯・伊斯梅身上。公司的策略轉變成以蒸汽船為英國前往美國的市場提供服務，背離過去的主要策略。皇家郵輪海洋號是這個時期建造的第一艘船，同時它也代表著策略方向的轉變，朝著類似鐵達尼號的船而去。

在湯馬斯過世後和白星航運面臨進一步的財務困境時，他的長子約瑟夫・布魯斯・伊斯梅接管公司的領導權。他引入新的投資者／所有權人J.P. 摩根，並將核心價值主張從速度轉向規模與奢華——這些全都是比建造鐵達尼號更為重要的關鍵性事件。

顯然，沒有創辦人就沒有新創公司的存在。如果沒有史蒂夫・賈伯斯（Steve Jobs），哪會有Apple的存在？如果沒有傑夫・貝佐斯（Jeff Bezos），哪來的亞馬遜？如果沒有崔維斯・卡蘭尼克（Travis Kalanick），哪來的Uber？如果沒有伊凡・史匹格（Evan Spiegel），哪會有Snapchat？

然而，這些企業偶像都擁有能夠幫助他們啟動事業的同事。看看下頁圖中的滑稽組合：你是否認得出左下角的比爾・蓋茲（Bill Gates）？當時，他把自己擺在團隊的中心位置，這是微軟（Microsoft）起步所不可或缺的團隊。

創始團隊的組成與其如何分配所有權、職責以及責任歸屬，都是新創公司的成敗關鍵因素，也是破壞性極大的人力債務的潛在根源。正如我們在緒論中討論的，每一片海當中都有相關的債務冰山漂浮。在創始團隊的海中，我們要關注下面四座漂浮冰山。

誤判的動機與經驗

創業是一項困難的工作，需要結合熱情、經驗以及毅力（我們親切的稱之為**ＰＥＰ模型**，passion ＋ experience ＋ persistence）。在不了解為客戶提供什麼核心內容的情況下創業，是個不穩固的起點，但這種情況確實會發生。有些創業家的動機可能只是當自己老闆、賺一百萬美元，或者成為下一位創業明星——但是卻對

微軟的創始團隊

實際產品沒有太多熱忱。成功的創業是始於正確的動機。

其中一個例子是ExactTarget（現為Salesforce Marketing Cloud）的共同創辦人克里斯・巴格特。巴格特是一位科技領域的連續創業家，也是地方食品的種植、行銷，以及配送方面的創新者（例如ClusterTruck）。巴格特的第一間「新創公司」是他買下的乾洗公司。他看見如何應用一九九〇年代剛出現的行銷工具（像是電子郵件行銷），徹底改變乾洗店跟客戶溝通、管理客戶關係的方式的機會。這項技術的潛力引起巴格特的興趣，但正如他喜歡說：「我忽略了一點，某些時候，你必須為客戶熨平褲子。」他愛這項技術，但不愛核心業務本身。

雖然乾洗事業失敗了，但巴格特在技術方面所學到的經驗教訓，成了ExactTarget的核心價值主張。這間新創公司後來上市，最後Salesforce.com以二十五億美元收購它。那可是燙平很多條褲子的錢！成功的創業家必須找到他們所熱衷的事物，並使其符合新創公司的核心價值主張。

阿柏瓦・梅塔的公司Instacart另外說明，豐富的經驗與從中獲得的深刻見解的重要性。對於梅塔來說，他嘗試為律師建立社群網路，滿足了他想做點什麼的創業慾望，而這個計畫確實跟他的某些興趣與能力重疊。然而，創業概念並不符合梅塔的經驗，或者不能為他帶來意義。梅塔說：「經歷所有的失敗，發布一個又一個的功能後，我意識到並不是我找不到有用的產品——而是我根本不關心產品。」他說：「當我回家後，我不會想到它，因為我不關心律師。我沒去想律師每天都在做什麼。」[22]

梅塔跟巴格特一樣，他沒有以有意義的方式，與他第一間新創公司的核心產品建立關係。後來，巴格特開始幫助公司與客戶建立關係，並以 ExactTarget 管理客戶關係，而梅塔則是發現一種交通工具，能在不費力的情況下，藉由 InstaCart 進入商店的通道購買雜貨。也就是那個時候，他們滿足一項他們非常熟悉的深切需求，於是 PEP 模型的條件皆到齊了。

另一方面，對核心業務的熱愛與全心投入，也會招來相同類型的債務。當蓋瑞・艾瑞克森有機會從他在 Clif Bar 的職位中獲利時，因為他對於這間公司太過依戀，以至於他無法放棄它（要賣掉以你父親的名字命名的公司是很難的事）。Reddit 的創辦人史蒂夫・霍夫曼（Steve Huffman）與亞歷克西斯・奧漢尼安（Alexis Ohanian），以不錯的價格將公司出售給康泰納仕（Conde Nast）後便退出公司，但當公司陷入困境時，他們出於對平台與利害關係人的責任感，又重新回到公司。從事一些你真正關心的事物，可以提高成功機率和避開動機冰山，但也可能創造出新的、不同的隱性債務冰山。

注意！請小心那些對企業欲解決的問題沒有熱情的創辦人——但也要小心那些很忠誠，似乎不願意去思考負面回饋的創辦人。優秀的創辦人是充滿熱情、不屈不撓的，但是他們也是能虛心受教的。

不公平的股權

創辦人容易產生債務的下一個地方，就是股權或公司所有權的分配。無論是兩位、三位、四位還是更多的創辦人，人們會傾向於先公平的分配股權，給所有討論最初構想的人——在桌上討論，將構想寫在餐巾紙上的那些人。公平分享的感覺很好，且一開始的時候很有趣。但是，在所有成員長時間擁有相同股權的情況下，你會從事多少團隊專案呢？隨著時間的變化，團隊成員的機會成本與精力會因人而異，實際上只會有一、兩位成員可能有時間與能力，可以全力支持所有階段的工作。

我們稱這種情況為「第三人詛咒」（Curse of Thirdsies，指有三位創辦人的企業）。想想鮑伯、愛普兒以及格里，他們擁有一個很好的點子，要以一款新的APP徹底改變減肥與運動。他們見了幾次面，一邊喝著咖啡或啤酒，一邊仔細的討論商業概念的雛形。他們都同意在上市或被收購時，以相同比例分配報酬。耶，每個人都從中受益！「我們都擁有三三・三三%的下一個臉書！」

接著，開始面對現實。三個月後，格里在工作中晉升，新職位需要經常出差，他的妻子卻開始擔心，他們剛組成家庭，身為丈夫與父親的格里可能常常缺席。鮑伯與愛普兒都能理解，他們也繼續前進……畢竟，格里的妻子莎拉是個好人，也是上班族，而且還是愛普兒的大學室友。再說，格里最後會把事情做好的！然而，經過一段時間後，想跟格里接觸變得越來越難。他擁有他的股權，而企業並沒有真正朝著他起初想像的方向發展，所以他迴避他的合夥人。時間越長，就越難進行改變股權分配的談話。

無論是因為刻意逃避還是生活的阻礙，共同創辦人終將遇到一位搭便車的人，這些人擁有相同的股權分配，但卻沒有努力做好他的分內工作。當不活躍的創辦人出現在**股權結構表**（**cap table**）上，卻沒有對新創公司的發展做出貢獻時，這個債務冰山可能會對創辦人造成壓力，並為將來的募資帶來挑戰。

如果兩位創辦人平分決策的控制權，那麼兩位創辦人之間各50%的股權分配，也會產生相關的決策問題。若要向前邁進，就需要兩個合作夥伴完全同意關鍵的策略性新措施，但情況卻可能並非總是如此。

Clif Bar的艾瑞克森在二〇〇〇年面臨一個重大的決定。有一間大型公司，在進行一連串同類型小吃店的收購交易之後（像是Balance Bar和PowerBar的收購），也想要他們這間公司。[23]檯面上的報價是一億兩千萬美元，這對一間營業額為四千萬美元的公司來說，是個相當不錯的溢價（premium）。

回到Clif Bar的創始。第一章提過，艾瑞克森的第一間公司是Kali's Sweets & Savories，是一間製作希臘點心的公司。艾瑞克森請麗莎・湯馬斯（Lisa Thomas）協助經營Kali's。當他創辦Clif Bar時，是在Kali's內部成立的，且從未在法律上將這兩間公司獨立開來。相反的，他在湯馬斯繼續經營Kali's時，同時經營Clif Bar。因此，湯馬斯擁有這兩間公司各一半的股權。[24]

毫不意外的，湯馬斯對一億兩千萬美元的報價十分感興趣，並下定決心要從中獲利。然而，艾瑞克森卻沒什麼興趣。他所擔心的是，如果成為大公司中的小產品，會對品牌、產品、員工以及公司產生什麼影響。他冷靜下來，並在成交前的最後幾個小時決定退出。

不幸的是，在這種情況下，Kali's與Clif早期各50%的所有權分配情況，帶來了六千萬美元的債務冰山。由於湯馬斯擁有公司50%的股權，她跟艾瑞克森一樣有權利出售該公司。因此，當艾瑞克森阻止這筆一億兩千萬美元的交易時，湯馬斯希望得到她應該得到的錢。Clif Bar與艾瑞克森花了九年時間與許多支出，才使這座冰山島融化成冰山塊。這可是相當於不少的 Clif Bars！

確保創辦人因為他們的投入與貢獻及企業達成里程碑，進而漸進式的獲得股權，能限制創辦人債務的負面影響。我們在本章節的最後，會進一步討論克服這種債務的**股份行權**與其他策略。

導航計畫：永遠不要平均分配股權。如果有兩位創辦人，那麼需要一位明確的主要股東與決策者；或者如果有更多位創辦人，則需要多數決協議，以利做出重大決策。新創公司的經營協議書可以明定具體細節。

導航計畫：階段性的股份行權或股權分配，是能夠激勵創辦人與早期員工，並讓他們的貢獻與進步保持平衡的重要工具。

多樣性不足

每個優秀的創始團隊都需要結合一些技術技能、財務知識、行銷能力以及銷售膽量。我們認識的一位天使投資人將其稱為 3Hs——每間企業都需要一位駭客（Hacker，技術專家）、一位皮條客（Hustler，業務員），以及一位文青（Hipster，頂著秀髮講故事的夢想家）。這很難體現於同一個人身上。

在 Gimlet 公司的播客節目 Startup 中，Founder Collective 的投資者邁卡・羅森布魯姆（Micah Rosenbloom）說：「我寧願把賭注押在兩個人或三個人身上，而不是一個創辦人身上……我認為新創公司是團隊工作……成功的可能性會增加。」[25]

關於創新與破壞的良性討論，需要對立的思考角度與多樣化的觀點才能成功。然而，創始團隊通常由背景、興趣，以及工作經驗相同的人組成。太多重疊的看法，可能會導致新創公司出現明顯的盲點。更糟糕的是，這種情況可能會導致**團體迷思**，即成員開始看見共同的世界觀，而這個世界觀可能與現實相似，也可能與現實不相似。

一個有望成功的創業團隊，不僅要涵蓋關鍵功能領域，最好還要擁有一些創業經驗、能接觸到不同資金來源，以及具備找到客戶與員工的互補人脈。多樣性不足所產生的盲點，會以對現實觀點局限的形式，以及對可能性評估局限的形式，造成巨大的債務冰山。

導航計畫：確保在新創公司的早期階段增加多樣性，包含性別與種族等人口特徵，以及功能性的經驗。或許可以透過創始團隊、早期員工、或者為公司提供諮詢的顧問來實現。

有許多方法可以擴大能力、讓能力更多樣化：

- TRX的藍迪・海崔克對他的產品充滿熱情與堅持，這有助於創辦人橫渡充滿冰山的海洋。然而，他幾乎沒有接受過有關企業經營的教育，因此他去史丹佛大學攻讀商管碩士。他不斷以TRX當作小組專案與課堂討論的素材，來帶出不同的觀點。
- 當Airbnb的喬・傑比亞與共同創辦人布萊恩・切斯基（Brian Chesky），偶然發現一個他們認為可以成長的模型時，他們意識到，他們更加迫切需要一位設計人才。於是他們招募前室友柏思齊（Nathan Blecharczyk）擔任技術長。
- 當千詩碧可蠟燭公司開始擴大業務時，徐梅求助於遠在中國的朋友與家人。

創辦人可以透過各種管道，在不同階段增加能力的多樣性。這種方法可以在增加更多人才的財務負擔，與缺乏多樣性而引起的人力債務冰山之間取得平衡。

缺乏時間與支持

創業很困難，且需要持續性的關注。如果在業餘時間（在創辦人正職工作完成後，或在晚上和週末）創業，幾乎不可能取得重大進展。

林肯總統與人力債務

創業者將面臨的問題，例如：多樣化、產品的保證以及人才等，都不是新議題。舉個例子，讓我們追溯至（更早於白星航運的構想成形之前）亞伯拉罕．林肯擔任總統前的一段時期。一八三二年，林肯與他的合夥人威廉．貝瑞（William Berry）在伊利諾州新塞勒姆買下一間雜貨店。他們因為種種原因，還收購小鎮上其他兩間商店的資產，使他們成為實質上的壟斷者。

吸引林肯的是，商店是一個建立社區、分享笑話和故事，以及討論政治的地方。林肯做了上述所有事情——但卻不是很擅長銷售商店的商品，而且他的誠實也經常阻礙成交。他特別喜歡勸顧客不要購買「有害的」（但利潤很高的）產品，像是香菸和酒。他的合夥人貝瑞則是幾乎沒幫上忙，比起經營這間公司，他對威士忌和八卦更感興趣。這間商店在一年之內，就因為生意不好而關門，使林肯負債累累，但卻學到很多關於從事政治談論的經驗教訓，使他受益匪淺。

隨著業務成長、開始尋求外部資金，情況尤其如此。投資者不太會把錢投資到一間有兼職執行長的新創公司裡。然而，資源不足，加上大多數早期階段的企業都無法提供全職工資——更別說是鮑伯、愛普兒以及格里三人。從全職工作、家庭、或其他關係中抽出時間與精力，對創辦人與其朋友和親人都會造成影響。因此，身為創始團隊中第一個離開全職工作，並全職在新創公司中工作的人，股權也應該相應的增加。

創辦人在創辦公司時所欠下的人情債與義務，雖然經常被忽視，但它們並非不重要。沒有工資也許會產生財務上的債務，這相對容易衡量。但是，創辦人不應該忽視他們在處理創業初期的壓力、精力以及高低起伏時，給當前的雇主、合作夥伴，以及其他人帶來的難以衡量、非財務上的債務。這些債務或許會造成工作表現不佳，與親人的關係緊張或與親人斷絕關係。

社群新聞與媒體匯集網站 Reddit 的共同創辦人霍夫曼與奧漢尼安，他們在創業旅程中，在平衡創業需求、個人挑戰，以及友誼方面陷入一些掙扎。霍夫曼與奧漢尼安在維吉尼亞大學相識。他們之間的關係，始於未實現的期望：奧漢尼安住在霍夫曼的宿舍對面，當霍夫曼看到亞歷克西斯這個名字時，他覺得有個住在同一條走廊上的女室友很酷，直到他遇見亞歷克西斯本人——原來是男同學！然而，兩人成為朋友、同夥。幾年後，這兩位即將畢業的朋友，踏上他們的創業夢想之旅。

第一個概念是專為加油站設計的食品訂購系統，可以減少等待時間。他們將其命名為My Mobile Menu，簡稱為MMM。這個系統可以讓顧客在加油時，透過汽油幫浦傳遞他們的食物訂單。後來，在Y Combinator（矽谷備受推崇的創業加速器）的創辦人保羅・葛拉漢（Paul Graham）的鼓勵下，催生了Reddit的點子。葛拉漢喜歡這兩個人組成一個團隊，但不喜歡MMM這個點子——因此他鼓勵他們把自己的才能轉化成一個新概念。在他們十五年的旅程中，霍夫曼跟奧漢尼安的關係因為他們在Reddit任職所面臨的種種考驗，出現一些極端的狀況：

- 女友發生意外陷入昏迷
- 母親得癌症
- Reddit出售給康泰納仕後的一段脫離期

儘管面臨這些挑戰，霍夫曼跟奧漢尼安共同努力，把Reddit打造成「網際網路的首頁」。他們堅持度過雙方的衝突與壓力期，繼續往前進。就像婚姻一樣，良好的創辦人合夥關係不只要禁得起冒險，還要禁得起私人的義務與干擾。我們都需要有個人讓我們依靠。

當你在創始團隊海旅行時，你看到的人力債務種類可能包含：

- 經驗與動機
- 如何分配股權
- 人才與經驗的多樣性
- 投入風險企業的時間與支持

對於新創公司欲解決的客戶問題，將你的熱情對應到創業的價值主張；精心建立多樣化的創始團隊；階段性進行股份行權；以及投入適合不同階段的創辦人精力，有助於緩解這些潛在的人力債務。PEP是必要條件。在本章節的最後，我們提供了一些更詳細的建議，告訴你如何管理與減輕這些隱性債務。

投資者／顧問海[26]

每一代領導層的出現，都為白星航運帶來一批新的財務支持者與顧問。白星航運跟利物浦皇家銀行的最初銀行關係（是白星航運在一八六〇年代中期的成功關鍵），隨著這間銀行在一八六八年倒閉而瓦解。銀行倒閉，導致白星航運的資金來源減少，引發了新投資者的需求。於是克里斯提安·施瓦柏加入。施瓦柏帶來了新的造船商 Harland and Wolff。一九

○○年代初期的另一次財務困境，導致所有權人、投資者，以及紅顏知己J.P. 摩根的進入，恰逢越大越好的策略與鐵達尼號的建立。想釐清白星航運的歷史，跟那些在關鍵轉折點上影響（或脅迫！）公司領導者走向鐵達尼號的投資者，基本上是不可能的。

隨著任何一間新創公司的成長，引進投資者或許對繼續推動成長來說很重要。一開始，這些資金可能來自**朋友與家人**，他們可能都會投資一些適當的金額，也許高達五萬美元到十萬美元，無需大量文書工作，也無監管限制。過了此階段後，天使投資人或團體，或甚至是**創投**（venture capital），都能加速成長。

一路上，創辦人可能會跟各種正式或非正式的顧問、擁護者建立密切的關係，他們也許能幫助團隊克服障礙、跟客戶和資金來源建立聯繫，以及提供其他寶貴的指導和意見回饋。然而，投資者與顧問提供的資金與建議，並不是單向的。他們也可能成為一種拖累，一種可能限制未來成長、靈活性，以及行動力的主要隱性債務的來源。無論是顧問還是投資者，創辦人都必須意識到以下投資者／顧問海中的債務。

資源不平衡

創辦人必須管理許多人的投入或少數力量的投入。舉例來說，群眾募資似乎是一種可以向數百名朋友、鄰居，以及支持者募集資金的好方法，又不必卑躬屈膝的去找幾位少數的主要投資者。但是，當你在凌晨兩點，回答編號二四五號投資者寄來的第二十封電子郵件時，你可能就不會這麼認為了！此外，如果你的股權結構表上面擁有眾多的小型投資者，可能會產生監管障礙，也可能會在後面幾輪募資中讓投資者打退堂鼓。除了小額支票，這些投資者可能也只能提供有限的幫助，而且他們可能不具備創辦與發展新創公司的專業知識。群眾投資與募資會有一些好處，但也可能創造債務冰山。

群眾募資是什麼？

雖然群眾募資很受歡迎，且發展得很迅速，但群眾募資這個詞現在仍經常被誤解、被濫用。首先，群眾募資的類型有幾種，全部都著重於直接建立顧客或支持者跟公司之間的關係，而非透過中介機構運作，像是聯合勸募（United Way）、銀行、投資集團、或股票市場等中介機構。

像是 Kiva 與 DonorsChoose.org 等平台，是根據捐贈者的選擇，提供小額貸款或捐贈的機制。通常不涉及股權與產品。

Kickstarter、Indiegogo，以及其他群眾募資平台，是為新創公司跟顧客和狂熱支持者建立連結，讓客戶和狂熱支持者可以預訂產品、接收禮物或贈品（如T恤）、取得獨家訊息、或簽名紀念品。（正如有些讀者可能會記得，我們在寫本書的過程中，曾利用 Kickstarter 來實驗）。這些是以獎勵為基礎的，不涉及股權。

二〇一二年的 JOBS 法案也納入第三類人：未經官方認證而將資金投入新創公司，以獲得股權的投資者。雖然實施情況因各州而異，但這允許「普通人」透過 Localstake 等平台投資新創公司，以獲得一小部分所有權。新技術、社會偏好[27]以及監管的變革，都使群眾募資的許多潛力得以實現——有望讓早期階段投資大眾化，但也創造了可能存在的債務冰山。群眾募資是否會徹底改變早期階段投資，並掀起一波又一波的創業浪潮呢？還是會因為天真的投資者配上天真的創業家而賠錢，因而陷入失敗呢？目前還沒有定論。

在光譜的另一端，你成功得到「丹尼」雄厚財力的支持，獲得二十萬美元支票，感覺非常棒，也讓你能夠開始雇用第一批員工。不過，當丹尼一週內第三次在晚餐時間拜訪，告訴你應該雇用誰，他希望你做哪些產品調整之後，你可能就會覺得你的熱情越來越少——就像伊斯梅不得不將造船商改成Harland and Wolff的時候可能會有的感覺。[28]要在「一個或少數幾個大額投資者」跟「眾多小額投資者」之間的附加價值與權力取得平衡，是相當棘手的事——每條路徑都形成不同類型的投資者債務。捕小魚與捕鯨魚，兩者需要不同的武器，而每種方法都有其本身的缺點。

不適當的投資者／顧問角色

投資者與顧問方面的另一個重要考慮因素，是他們所扮演的角色。這些角色可能與他們的能力有關——他們擅長的事情，譬如行銷、財務金融、或技術；他們的經驗，建立在他們所做的事情，及他們對發展與創立新創公司的了解之上；他們的人脈，他們認識與能夠接觸的人。上述所有角色都能為一間新創公司帶來幫助。然而，這些關係中的「投資」是雙向的，而且可能會以浪費時間與精力的形式增加債務。

藉由顧問與投資者增加多樣性、拓展人脈，是非常重要。投資者與顧問的多樣化，可以有效的消除前面所描述的，創辦人之間缺乏多樣性的債務冰山。然而，雖然創辦人很容易找到已經認識的當地顧問，但這些顧問可能無法拓展創辦人的能力或人脈。

導航計畫：**尋找多樣化的顧問組合，這些顧問能提供專業技能、行業知識、創業經驗，以及跟新客戶或投資者的關係。建立一個成員組成跟你完全相似的顧問委員會（即使是非正式委員會），不會帶來太多新的或不同的經驗或人脈，甚至還會形成隱性債務。這種顧問團隊創造的義務，會超過他們所帶來的價值。**

在投資者方面，與顧問類似的問題，一樣能影響一間新創公司的成敗。許多創辦人頂多把投資者視為獨立的資金來源，更糟的是，把他們視為處處較量的對手。這兩種看法，都以錯失的機會和多餘的焦慮創造了債務冰山。當然，有些投資者可以只當資金的來源，但至少應該要有少數投資者以其他方式帶來價值。好的投資者不是對手，而是新創公司成長的夥伴與盟友。

導航計畫：**你至少應該尋找一些不只是帶來檯面上資金的投資者。新創公司需要大量的幫**

助、指導以及人脈。尋找一些有投資經驗且指導過他們資助的公司的投資者，和一些具有行業經驗與人脈的投資者。

知名的**早期階段投資者**克里斯・薩卡（Chris Sacca），不遺餘力的幫助推特募資，提高知名度以及取得成功——這是他的第一筆大投資，因此他下定決心要讓這筆投資獲得報酬。不過，薩卡也承認，創辦人可能會認為他的介入過於激進。《財星》（*Fortune*）雜誌以「風險企業牛仔」（Venture Cowboy）薩卡為封面人物（二〇一五年四月），並在封面上引用他的話：「當我投資時，我就在你的面前。」被動投資者擁有時間和空間，但致力於新創公司成功的擁護者，可能比他們的支票重量更有價值。創業家必須擁有策略且嚴格篩選，才能從投資者身上得到他們想要的。最終，投資者能從任何為了成功而投資的公司獲取既得利益。那是很多逐步實現的股權！

導航計畫：儘早詢問潛在投資者，是否願意充分利用他們的經驗與人脈。

注意！在新創公司與你（身為投資者／顧問）之間的角色和關係上，請務必明確的建立你的期望。尤其是新手創業家，可能不會意識到這點的重要性。

難以捉摸的行為期望

創辦人與投資者應該事先討論當前與未來的參與期望。你們會定期開會嗎？以團隊方式嗎？每週安排一次午餐，也許會以期望難以維持的形式產生債務冰山。

同樣的，如果你真正需要的只是針對特定主題提出最佳建議，那麼以團隊方式進行會議，可能會造成一位顧問參與過度，而浪費其他顧問的時間。對投資者與顧問而言，應該清楚他們預計對策略性問題參與程度多高，通常是定期（每月或每季）的、在特定情況下的、只出現危機時、還是根本不參與。時間與金錢是創業家最寶貴的資源。一般性的指導原則會是每季的董事會，或是根據需求分別選擇參與的顧問會議。但是，在實驗或募資的關鍵階段時期，透過電子郵件或其他溝通形式，每個月或每兩週進行一次溝通，也是個好主意。

導航計畫：以電子郵件準備每月或每季的最新情況，將重要更新與需求寄給顧問／投資者。在關鍵領域上，不要害怕尋求協助和承認問題。

注意！鼓勵投資組合中的各公司，定期提供每月或每季最新情報，不只包含數字更新，還要包含對客戶軌跡、產品變動和企業需求的洞察更新。

在未來的參與期望方面，新創公司如果成功了，可能就需要額外一輪的募資與資本。事實上，當一間新創公司越成功、成長越快，它就越有可能需要資金來推動這樣的成長——而且比多數人想像得更快。新創公司通常需要雇用銷售與行銷人員、投資於產品的改進，以及在收入上門前雇用提供服務與支援的員工。這些人事費很燒錢，因此需要資金。現有的投資者是否會參與新一輪的募資？他們是否與能為未來發展提供資金的新資金來源（特別是機構資源）有關係？在試圖擴大公司規模時，把一間企業跟一群財力不足、沒有更廣的投資人脈的投資者綁在一起，可能會變成一個巨大但有限的債務來源。

其他類型的策略合作夥伴，也可能變成類似的期望債務冰山。舉例來說，Clif Bar 在成長階段時，曾跟兩間經銷商達成握手協議。然而，他們沒有建立明確的期望，在艾瑞克森看來，經銷商沒有達成他的期望。於是後來他終止他們之間的交易，經銷商提出訴訟，試圖從他手中奪取整個公司的控制權。雖然艾瑞克森最後贏了，也避免面臨失敗的局面，但這段時期不僅充滿壓力，更消耗他應當用來發展公司的時間和精力。更糟糕的是，這個冰山帶來了兩百萬美元的成本，用來跟經銷商達成和解，這對一間年輕、成長中的新創公司來說，是座需要克服的巨大冰山。這種關係的債務冰山，跟設計與開發物流系統，把你的產品送到客戶手上的這種**技術債務**（第五章）重疊。

另一個關於創辦人與投資者債務冰山，Alikolo可提供一些集體挑戰的有趣例子。[29] Alikolo是一間在印尼提供服務的電子商務平台，在二〇一四年於北蘇門答臘省棉蘭市成立。丹尼．塔尼瓦（Danny Taniwan）是這間公司的創辦人，他在柏林工業大學接受過軟體工程師的教育。畢業後，塔尼瓦回到棉蘭，從保險行業的工作轉行到汽車改裝業。他有創業的渴望和做大事的動力，但保險業與汽車業都沒有滿足他。那裡沒有PEP！

為了鍛煉他的軟體技能，他研究非常成功的中國企業阿里巴巴，這間電子商務企業在亞洲相當於亞馬遜，讓他決定在印尼發展一間類似的公司。他有兩位熟識的投資者對他的想法產生興趣。

塔尼瓦缺乏創業經驗，也沒有尋找共同創辦人。此外，這兩位投資者雖然在木材等商品業務方面有經驗，但缺乏電子商務方面的技術與創業經驗。值得讚揚的是，他們有能力租一間辦公室、成立一間公司，而且還推出一款基本夠用的產品——但在推出後，幾乎沒有受到市場太大的歡迎。

當塔尼瓦開始增加他的顧問團隊、在創業界的人脈、以及實施策略時，Alikolo 就沒錢了。雖然塔尼瓦能夠讓創投資本家對他修改後的願景產生興趣，但創投資本家的**實地審查**卻發現，早期階段的天使投資人持有該公司大部分的股權。這些早期階段投資者不願意接受持有較少的股權，也不願意對新投資者的條款保持靈活性。投資者不願意進一步資助這間新創公司，寧願讓 Alikolo 倒閉。

當塔尼瓦回憶他的經歷時，他說：「現在我知道我做錯了一切。我不應該試圖獨自創辦公司，沒有尋找共同創辦人。我應該做好我的研究。我應該從小地方開始，並**自立創業**。而且我永遠不應該讓投資者成為大股東。」然而，塔尼瓦非但沒有氣餒，還做了更好的準備，他已經滿懷熱情的轉向他的下一個創業計畫 AFFORIA，一個線上高級私人購物體驗——但有一位共同創辦人。而且，對創辦人與投資者人情債的債務冰山，也有了更深入的理解。

總而言之，跟顧問和投資者之間的關係期望會產生債務，這些債務可能會導致嚴重的時間消耗、不斷改變的創業方向，或在創辦人需要時缺乏資源與幫助。這兩群人都可以成為創業家最大的盟友與擁護者，也能幫忙克服創始團隊的不足。然而，如果這些債務不加以管理，它們也可能成為時間與精力的阻力。

員工海

策略與財務資本，並不是白星航運與鐵達尼號面臨的唯一挑戰。事實上，建造如此大型的船隻，需要的工人數量非常驚人——超過一萬四千人。這耗盡當地木材與金屬製品加工方面的技術人才，如鉚釘工。除此之外，由於鐵達尼號是一項「工程奇蹟」，也是高端乘客期望的豪華待遇，因此將近九百名船上工作人員中，絕大多數是機械師／工程師與負責準備、提供食物的行政人員。白星航運在處女航的幾週前，才招募大部分的船員，而且沒有一名工作人員是常駐船員。大約只有六十五名（不到8％）船員是受過訓練、身體健全的海員，意即了解緊急事件處理程序的海員——例如，知道如何裝載救生艇。這種不平衡，導致鐵達尼號在一九一二年遇難時承受災難性的生命損失。

雇用第一位員工是很有意義的事！如果一切順利，第一位員工將會隨著公司的「成長」和公司分享一些獎勵，繼續為它做出貢獻。然而，不斷成長的新創公司會有一系列複雜的需求，而為擴大規模的組織配置職員，可能會成為隱性債務的重要來源。千萬別忘記，工資單既是真正的金融債務，也是隱性的情感債務。有些創辦人會發現，在他們創業、成長、獲得外部資金之後，他們會輾轉難眠，因為他們為了足夠支付員工每個月工資的現金流而發愁。

何時雇用第一位員工

太早雇用你的第一位全職員工會創造債務冰山，但太晚雇用也一樣。關於什麼時候雇用第一位全職員工，並沒有硬性的規則，但這裡有一些準則，可以讓你知道什麼時候要扣下板機：

- 當新創公司負擔得起的時候。如果有足夠現金能維持六個月或更長的時間，那麼新創公司至少在這段時間內，能保持穩定性——但應該向新員工傳達其中的風險。
- 當業務需求有需要的時候。一旦新創公司擁有付費客戶，它可能就需要專門的資源來為他們提供服務。
- 當有工作需要做的時候。當新創公司在某一個功能性領域有需求時，需要一個專門的人每週工作四十到六十個小時，那麼公司就需要一名員工。
- 當創辦人的機會成本過高的時候。創辦人能承擔的重擔也有限。如果完成必要的工作，會排擠創辦人花在策略與募資上的時間，那麼就是雇用第一名員工的時候了。

不合適的人才 vs. 成本取捨

人力資源面臨的首要挑戰之一，就是人才的能力與早期雇用成本的比較。人力債務會以恃才傲物者的形式出現，舉例來說，高成本的捕鯨獵人銷售員，曾在新創公司有過一次成功經驗，但沒辦法為新的風險企業帶來可轉移的技能。同樣的，雇用熱情、聰明（且便宜）、精力充沛的大學應屆畢業生也會產生問題，其中許多可能是不適合的雇用。創始團隊必須在招募具備關鍵領域經驗的人才，和不因為高估人才成本而耗盡資源之間取得平衡。

實習生是一個很好的例子。也許他們很便宜，也受過適當培訓且專注力集中，他們可以為資金短缺的新創公司提供很大的幫助。但是，他們確實需要創辦人的培訓、目標明確的協助與指導。如果實習生與客戶互動，那麼這些「幫手」將會成為新創公司的形象——無論是好或壞。這樣的接觸可能會在客戶與其他方面，產生難以恢復的信譽債務。

同樣可能造成傷害的，是雇用高端資訊科技開發人員、行銷專家或殺手級銷售人員。在這些領域的專業知識，每年光工資成本加上獎金／佣金和股權，就可以花掉公司高達十五萬美元至二十萬美元。如果他們的專業知識深入但狹隘，當公司業務免不了要改變方向時，他們可能會沒有太多的靈活性能適應。此外，因為過去成功而來的自負，會是一項管理的挑戰。這樣的員工債務，最好的情況是分散注意力，最壞的情況則是帶來毀滅。

注意！對那些背後有巨大成功（且沒有失敗）經驗的創辦人或重要員工，要保持謹慎的態度。他們或許被高估了，因此在新環境中發揮作用的能力有限。

各個層級的人員配置都很複雜。想想鐵達尼號，雖然船上工作人員中訓練有素、身體強壯的海員不足，但是愛德華·約翰·史密斯（Edward J. Smith）船長是公認的海上最有經驗（也是薪水最高）的船長。他擁有四十年完美無暇、沒有任何一次遇難的紀錄。事實上，有些人認為，史密斯不曾失敗的經驗讓他有點自滿，儘管有冰山警告，他仍願意加速得比他本該航行的速度還快。一位有實力的執行長，無法彌補整個企業在人才的多樣性與深度上的不足，再者，不敗的完美紀錄也不能保證會成功。

瘋狂的文化

新創公司可以是個非常有趣又刺激的工作場所。如果做得好，它們可以吸引最優秀、最聰明的人，並發展出創新與共享社區的文化，帶來多年的效益。但是，如果當情況往糟糕的方向發展，那麼桌上足球或棋盤遊戲、免費的披薩晚餐，以及自然而然產生的卡拉OK也可能會失控、失去功能。為十號員工設定在生日時跟創始團隊共進午餐的期望非常棒……但是也想為一百號員工做這件事，就會難以維持。同樣的，在新創公司剛起步階段，為一筆新的銷售大肆敲鑼打鼓慶祝，會是一種激勵。但是在成長過程中，每天敲鑼打鼓二十次，可能會讓人震耳欲聾——反之，遇上二十天的平靜期時，那種寂靜也會令人不安與意志消沉。

當這些文化似乎正在形成隱性債務的冰山時，投資者有時會要求限制公司的文化。總部設在上海的亞洲新創公司微差事，二〇一六年的創投放緩引發投資者的反彈。微差事主要為企業客戶提供線上群眾外包平台。該公司在二〇一四年獲得超過三百萬美元的投資後，帶員工去泰國，讓他們住在五星級酒店，還帶他們去騎大象——但這種慣例很難維持，更別提未來幾年的改進了！在投資者反對與投資者提高警覺後，兩年後，微差事甚至極少提供零食與飲料給員工。創辦人裴嶠在《華爾街日報》（*Wall Street Journal*）的採訪中指出[30]：

「我們變得更加實際，希望看到切實的效果。」

員工必須意識到，伴隨著成功而來的額外福利是賺來的，不是自然而然產生的。隨著公司的發展，創辦人將必須更努力的維持獨特且一致的文化。在某種程度上模式與期望變成文化，無論好壞，對其加以監督與有意為之是很重要的。

依需求回應的員工資源類型

另一種可能成為人力債務來源的平衡作法是兼職、全職，以及外包資源的適當組合。企業根本無法為所有工作任務配置全職員工，這麼做太昂貴了，且從長遠來看，哪些角色與能力是必要的還存在太多不確定性。企業很容易對需求做出回應，然後隨意雇用員工，但積極主動的規畫可以避免浪費資源。

跟行銷專家簽訂合同，約定在社群媒體或公關方面每週提供一天或兩天協助，在某個階段或許能獲得好處，但在其他階段可能會是負擔。在時間緊迫的情況下，把一些網頁ＡＰＰ開發與編寫程式的工作外包到印度，或許是具成本效益也有幫助的，但在其他情況下，這是浪費時間與金錢，也是客戶與技術債務的一大來源。讓堂弟范尼在週末管理書籍可能是個不錯的選擇。然而，兼職的員工或許永遠不會與蓬勃發展的企業共享相同的關係與承諾。

各種類型的員工和外包關係，可以為成長中的企業提供平衡、有效的能力。每種類型的人力資源都會產生某些類型的債務，而每種債務都需要適當的管理。

導航計畫：永遠不要忘記，外包的人力資源不是你的企業生活與空氣。隨著企業不斷發展，你必須擁有公司的關鍵部分，包含產品設計、客戶關係以及財務績效。

想想，千詩碧可蠟燭公司是個很好的例子，說明它在持續發展時避開了各種員工債務。隨著公司開始規模化，徐梅努力的為她的香味創尋找品質優良的原料。美國的材料來源不是要求的訂單太大，就是無法完成任務。當時在美國建廠的成本太高，而且公司沒有擅長這種製造技術的員工。

不過，徐梅在中國的姐姐和姐夫願意辭掉工作投入其中。徐梅的家庭關係幫她度過早期的成長，也讓供給大幅增加。不久之後，為了滿足新客戶 Target 的需求，千詩碧可蠟燭公司需要一個可以放庫存的空間。由於時間緊迫，他們找到一個有容納空間且可用的地方，但是沒有燈。在力量不足的情況下（包含電力與勞動力），徐梅與朋友在車子大燈的光線下，靠人力把一箱一箱的蠟燭卸貨。創業家必須準備好付出更多的努力、捲起袖子克服資源的不平衡！

最後，千詩碧可蠟燭公司發展得比那間在中國的倉庫還大，還多次搬到新的製造廠和倉庫，最終在美國實現一些產品的生產。當然，徐梅的家人在中國仍有一間工廠，還有伴隨著姐姐職業轉型而來的隱性家庭債務。她的家庭成員為了她離職，為了克服人情所欠下的債務冰山，徐梅把原來的工廠改造成採購、測試以及設計中心，這間工廠也隨著時間經過不斷改變，以滿足其他創業構想。這讓他們持續有工作，也為她的企業做出貢獻。

導航計畫：**家人與朋友通常能填補資源缺口，但不要低估可能累積的長期關係型債務。**

人的角色

當我們討論人力之洋中的漂浮冰山時，我們談論的是籠統的人——「角色」與「人力資源」。概括性的談論「人」沒有問題，但每一個「人」都是獨特的角色，他們為創立新創公司的故事貢獻全然與眾不同的事物。

當徐梅的產品類型很難打動 Target 的採購員時，她做了許多有自信、具創業精神的創辦人會做的事情——她越過該採購員去找更高階的採購員。但她從最初聯繫的人那裡得到一個簡潔的消息，大致是說她因為去找老闆已經自斷後路了，因此花了十八個月的時間，都沒有取得任何正面的成效，直到一位新的採購員接替這項職務。

當紐奧良聖徒隊的四分衛德魯・布里斯（Drew Brees）使用TRX系統，幫他從肩關節唇撕裂和肩關節手術中，以超乎預期、甚至是奇蹟般的速度恢復時，海崔克看到需求邁出了一大步，尤其是來自職業運動團隊的需求。

Airbnb公司歷史上的兩個重要轉折點，都要歸功於美國前總統歐巴馬（Obama）。第一次是二〇〇八年在丹佛舉行的民主黨全國代表大會，它讓Airbnb發現自己的第一個重要用途，也就是為大型活動的會議參與者，與當地能提供住宿的地方建立連結。第二次是在幾個月之後，當時傑比亞與切斯基已經用盡他們的信用卡，面臨新創公司可能結束的局面。他們為了籌到一些額外的資金來償還他們的信用卡債務，創造了限量版的Obama O's和Cap'n McCain's盒裝麥片。雖然沒有私交，但歐巴馬曾兩次幫助Airbnb擺脫隱性債務與財務債務。

在上述三個例子中，「個人」在任何一段我們所提的新創公司進展過程中（或沒有進展），都發揮了重要作用。

導航計畫：在橫渡人力債務時，不要低估個人的重要性。無論是採購人員、投資者、客戶、或甚至是不熟悉的名人，每一種關係都可能成為強大力量和支持的來源，或是難以解決的債務冰山。

隨著企業成長，人力債務的主要來源，通常會從創辦人轉向投資者／顧問，再轉到員工。首先，擁有合適、多樣化的創始團隊與適當的股權結構是當務之急。接著，關鍵是要找到合適的顧問與投資者組合，以獲得穩定的幫助。到此時，雇用員工與管理公司的文化，便成為最重要的事。與共同創辦人建立公司，透過顧問與投資者引進外部想法與資金來源，創造就業機會，為組織建立正面積極的文化，都是非常有意義的事。然而，每一個階段、關係，以及貢獻者的類型，都會帶來一些普遍或罕見的挑戰與機會。

橫渡人力債務

創辦人如何著手解決當中的一些問題呢？若能與共同創辦人、顧問、投資者、早期員工、供應商、合作夥伴、或甚至客戶有深入的接觸，有助於減輕與管理（如果無法消除）人力債務。下面有是三個有效的實用建議，[31]包含進行實地審查、漸進式分配股權與階段性進行股份行權，以及利用適合不同階段的資源自立創業。

進行你的實地審查：了解歷史

就像泰勒號與大西洋號能反映出白星航運的可疑紀錄一樣，大部分的組織與人也都有能夠反映其行為模式的歷史——好與壞皆是。正因為潛在投資者、員工、共同創辦人、或董事會成員看起來都是好人，所以請不要只相信你的直覺，請你深入了解候選人的歷史。

同樣的，有些公司在與早期階段企業合作有良好的歷史，實現互利；而其他公司則有把技術與利潤占為己有的紀錄。在你對你的夥伴的過去感到滿意之前，不要將最終協議定下來。利用 Google 搜尋，查看 LinkedIn 上的個人資料，以及聯繫過去的合作夥伴和員工，都能提供一些很好的初步資料。在確定重要關係或投資之前，請考慮雇用一間進行背景調查的公司。

舉例來說，一間位於美國中西部的電信新創公司，擁有不錯的**業務開發**與早期抓客力。它正在募集五十萬美元的成長資金。一個天使投資人團體有興趣為這間新創公司提供一半以上的資金。然而，實地審查的結果顯示，這位創辦人已經不是第一次，早就已經以不同名義為類似的計畫募資了。事實上，創辦人之前在中西部的兩個不同城市中募資兩次，接著便申請破產。從最好的狀況來看，說明了這是個無法將投資者的資金轉化為報酬的歷史。然而，從最壞的情況看，悲觀者可能會認為，這代表著可信度有限的計畫。於是，天使投資人團體拒絕這筆交易，並警告當地其他類似團體這間公司的歷史。無須多說，創辦人自然就搬到其他地方去了。

注意！：在進行投資之前，對所有創辦人的背景進行調查。跟其他投資者交流，當作實地審查過程的一部分。

請注意，對方過去的失敗並不是放棄投資的理由。如前所述，Instacart 的梅塔在將他的經驗轉化為成功之前，他經歷二十幾次的失敗；過去的失敗塑造 Clif Bar 的艾瑞克森、Airbnb 的傑比亞與切斯基、ExactTarget 的巴格特、Reddit 的創辦人以及其他許多人。很多非常成功的創業家都曾有過失敗經驗。然而，創辦人應該對他們的歷史坦承。他們從過去的錯誤中所學到的東西，可以幫助他們避免在未來犯類似的錯誤。

導航計畫：向潛在顧問／投資者坦承過去的失敗，但把重點放在你所學到的經驗，以及你如何在目前的新創公司中避免類似的冰山。

對創辦人來說，實地審查是雙向的。在跟潛在的天使投資人或創投公司接觸之前，創辦人應該先查看它們的投資組合，並與那些接受或拒絕它們投資的公司聊聊。優秀的投資者即使不投資，也會為創業家提供可靠的建議。如果可以的話，花點時間跟那些在你的舞台、你的市場上有投資紀錄的人相處。把潛在的和現有的投資組合公司，視為合作夥伴和同事。

大部分的早期階段投資者都不是**「禿鷹資本家」（vulture capitalists）**——不要把時間花在少數的禿鷹資本家身上！

漸進式分配股權與階段性進行股份行權

美國全國公共廣播電台（NPR）節目「金錢星球」（*Planet Money*）與「美國生活」（*This American Life*）的製作人艾力克斯．布朗伯格（Alex Blumberg），在播客節目《*StartUp*》中曾分享一段他創辦 Gimlet Media 的故事，是關於他尋找合作夥伴，與隨之而來的尷尬的股權討論。[32]

布朗伯格與 Gimlet Media 最終的共同創辦人馬修．利伯（Matthew Lieber）如何就股權分配達成協議的故事，被一個播客節目報導巧妙的命名為「如何分配虛構的餡餅」。布朗伯格已經開始推出他的新產品、尋找投資者，也有了播客公司的構想，這間公司一開始名為「The American Podcast Company」。然而，他沒有財務金融背景或受過商管培訓——他只是了解非常有價值、寓教於樂型節目其內容如何生成與製作，進而擁有巨大的優勢。於是利伯加入，他是波士頓顧問公司（Boston Consulting Group，簡稱 BCG）的顧問，擁有麻省理工學院史隆管理學院的商管碩士學位。利伯幫助布朗伯格擬定財務報表，並以初步商業計畫的形式呈現這個概念。

接著，是有關股權如何分割的討論，當時股權百分之百由布朗伯格所持有。根據他與妻子、與其他創業家，以及與同事的討論，布朗伯格認為對利伯而言，10%的股權是合理的起點——但他承認他了解，而且對整個談話感到非常不舒服。他認為他做了很多努力去獲得動力，而且股權是稀有的——他的妻子說，他應該把放棄股權視為放棄他的手指。

與此同時，利伯認為自己的商業頭腦對企業來說是極為重要的，且希望自己被視為平等的合作夥伴，而不是顧問。他55%比45%的分配出發，有利於布朗伯格認真思考這個想法的價值。經過多次的討論、焦慮、失眠和反思，他們決定布朗伯格持有60%股權，利伯則持有40%。[33]

這種情況並不少見。在極大不確定的情況下，創辦人會對如何分配股權感到苦惱。這是個非常容易引起情緒起伏，且可能引起衝突的話題，儘管餡餅確實是虛構的。幸運的是，我們有一些實用建議，可以幫助你橫渡創始團隊海中的這些冰山。

首先，創辦人應該隨著新創公司價值的成長分配股權與賺得股權。許多創業家在創立之初就組成團隊，然後把100%的股權都分配掉。大錯特錯！這就像是在你還不知道你在做什麼餡餅之前，就把整個餡餅給分了，這樣的話還有誰會加入你的晚餐，誰會去做這個餡餅，以及是否有冰淇淋可以搭配。好吧，也許冰淇淋這個比喻行不通。重點是：如果企業只走了成為實際成品5%的路，那麼你就不應該分配掉100%的價值。

在布朗伯格與利伯的例子中，也許相對價值是好的——但是因為把100%的餡餅分配掉了，焦點就變成放在錯誤的事情上——誰放棄什麼、潛在的相對貢獻，以及交易的合約條款。當然，自我價值感也會發揮作用。在這種情況下，我們會建議布朗伯格持有30%股權，利伯持有20%股權。這樣的安排可以體現出，他們進行中的專案計畫的未完成狀態、獎勵布朗伯格的構想，以及給予利伯身為共同創辦人應得的相對百分比。此外，這種作法可以讓人意識到，至少有一半的上漲價值仍有待討論。創辦人（或其他人）可以隨著企業發展逐步獲得剩下的50%股權。

接下來，布朗伯格與利伯就可以專注於未來行為與投入的共同期望，如何階段性的獎勵貢獻以及「交戰守則」。這樣一來，可以讓談話重點放在目標與可能性上，並限制創辦人以私人角度討論的風險。一份**投資意向書**（**term sheet**）可以幫你列出這些期望，並了解雙方的行為「分類」或類別。投資意向書當中至少應該包含：

- **時間範圍**：協議的有效期多長，不同期望的存續期多長。
- **投入時間**：每個人每週大約投入幾天。

- **預期貢獻：**每個人負責的內容是什麼，相關重點範圍是什麼。
- **預期獎勵：**這些貢獻可獲得的相關股權或報酬是什麼。
- **指標與里程碑：**你希望實現的里程碑是什麼，這對其他任何類別有何影響。

這不必是一份具有法律約束力的協議（至少在初期階段），但它能建立許多關於企業目標、指標，以及責任歸屬的良性討論。我們在策略之洋章節中，會在這個概念上有更多的討論。

總而言之，不要一開始就分配掉100%的股權。至少，預留20～30%在選擇權的池子裡，分配給未來的領導團隊成員與早期員工。一旦有了這個池子的存在，要利用它來吸引新血就會更容易——而不是每個創辦人都必須「放棄」一塊餡餅給晚到的人。隨著股權逐漸變化，更現實的一端是，只在企業達到特定里程碑時才分配股權。在構想階段，可能是旅程的5～10%——這也是股權獎勵的數量。餐巾紙上的計畫，還談不上是可投資的實體。

注意！對那些在企業生命的早期階段過度分配股權的新創公司，保持謹慎態度。

股份行權計畫也是一種很好的工具，它可以為特定的人分配特定數量的股票或股權，但是以階段性的獲得該股權的方式，讓他們實現股票擁有權。換句話說，不要立刻授予股權，而是當企業與個人皆達成重要里程碑時，再授予股權。當面臨「第三人詛咒」情況時，如果規定創辦人必須在三年內達成特定的里程碑，才能獲得股權，那麼不盡責的風險與可能性就會小很多。如果共同創辦人沒有等量獲得他們的股份，那麼先前已有的討論與上述投資意向書，會記錄一個人如果要獲得屬於他的全部股份，預期要付出什麼樣的努力與時間。股份行權可能會持續好幾個月或好幾年，但通常比例較大的股份可能需要花三年到五年，才會完全授予行使權。

以Gimlet的狀況為例，如果利伯與布朗伯格選擇分配所有股權，那麼利伯可以獲得40%——不過，10%的股份可以在簽署協議時分配，剩餘的30%需在未來三年取得，每年分配10%。如果BCG提高利伯的薪資，並提拔他來留住他，那麼結果會怎麼樣呢？如果在經歷了六個月痛苦的創業努力後，利伯決定退出，回到他以前的工作，或成為終極格鬥冠軍賽（UFC）的格鬥選手呢？布朗伯格會發現自己遇到一個賴帳的共同創辦人，擁有公司將近一半的股份，但卻沒有提供任何幫助。反過來說，布朗伯格也應該製定一份股份行權計畫——即使是構想發起人，也應該階段性的獲得屬於他們的全部股份。

即使在成立之後，未來的領導團隊成員也應遵循相同的作法。一間被我們稱為Startup Alpha的公司處於成長階段，需要一位銷售主管，帶領公司實現國內市場以外的地理位置上的成長。投資者與創辦人一致認為，是時候引進一位「真正的」營收長了。他們選定一個人，這個人要求以10％的股權，彌補他們給的薪水不如他現在的職位的大方。平心而論，他離開現在的工作，既要承擔風險又要接受減薪。

然而，這間企業也面臨著不確定性，不知道市場與公司是否已準備好迎接新的銷售方式，也不知道他是不是適合這個職位的人選。基於這些原因，新的營收長可以立刻獲得2％的股權，並在達到特定銷售與募資里程碑的情況下，每年獲得額外2％的股權。十一個月之後，很明顯的這個人選對雙方來說確實都不合適。雖然他已經開發了一些很有潛力的新客戶，也為未來的銷售工作打造了一套劇本，但進入市場的方式，需要的是不同於他的經驗帶給他的技能。他帶著2％股權與一些反映他的貢獻的報酬，和平的離開，但這些遠低於他在符合貢獻的情況下，長期可獲得的10％股權。

自立創業與適合不同階段性目標的人力資本和資源

創辦公司是一種要不斷努力平衡時間、金錢和資源的行為。我們討論過的人力組成——創辦人、投資者、顧問和員工——都是價值與進步的重要來源，但同時也是可觀的隱性債務來源。有能力的創業家該如何平衡這些因素呢？

有一個工具是盡可能自立創業。這到底是什麼？它跟糖蜜無關。自立創業是指有創意的利用資源，而且盡可能花更少的錢來利用這些資源。除非迫不得已，否則不要隨便掏出現金或股權。有很多人或外部公司會提供會計與財務、行銷、技術支援、以及其他服務，來同時獲得部分收入、股權和現金。

詢教你的領域裡的其他創業家，請他們推薦能提供這些服務的當地人。兼職外包的財務長與行銷長，可以在無需全職投入、無相稱的現金負擔的情況下，大幅增加團隊的深度與經驗。當地的學院與大學，也或許也能幫忙介紹受過商業或技術訓練的學生，協助進行市場研究、競爭分析、財務模型建置，以及其他功能性的任務——尋找跟創業界有積極接觸經驗的課程。學生能從中獲得現實世界的經驗、潛在的未來就業機會或推薦、以及課程學分。你則可以獲得一些目標明確的活動、勞動力，以及了解未來潛在員工的機會。

第二個部分是確保人力資源適合新創公司的發展時期。一間處於未創造收入階段，仍在開發它的**最小可行產品（minimum viable product，簡稱 MVP）**的新創公司，不需要三名首席級的創辦人員工與董事會——對這個階段來說，以時間與精力角度來看，這將會是太大的隱性債務。同樣的，一間募集一五〇萬美元成長資金的風險企業，也不應該由兼職的領導層來經營。

分階段規劃人力資源

在規劃時，考慮新創公司的發展階段是很重要的。我們之所以討論規畫，是因為它涉及發展過程中的四個階段：

- **未創造收入階段**：在新創公司真正開始銷售任何東西之前，處於概念開發早期階段。這個階段有時被稱為構思階段。
- **MVP（最小可行產品）階段**：新創公司不斷完善概念，並做出可以跟客戶分享的東西。
- **產品上市與早期成長階段**：新創公司開始銷售某個產品，並從一位付費客戶漸漸成長到多位付費客戶。
- **產品與商業模式規模化階段**：新創公司在產品、客戶和員工方面，都正朝著發展中的企業邁進。

我們要再次重申，每一間企業都是獨一無二的——這些只是普遍性指導原則，希望能在不產生太多人力債務的情況下，有助於安排適合不同階段的角色。

在創業的早期階段，亦即構思階段與實現收入前，新創公司可能不會有全職員工。創辦人以兼職的方式工作，驗證創業概念與開發ＭＶＰ。一般而言，由於這個階段只需要最

未創造收入階段：創意發想	MVP 階段：第一批客戶	產品上市與早期成長階段：客戶群成長	產品與商業模式規模化階段：指數型成長
• 沒有全職創辦人、沒有員工 • 跟非正式顧問接洽 • 自籌資金，最多 5 萬美元	• 第一位全職創辦人、沒有員工 • 開始籌組顧問團隊 • 從自己、朋友與家人身上募資 2.5 萬至 10 萬美元	• 加強創始團隊 • 雇用早期員工 • 正式成立顧問團隊 • 透過天使投資人募資 20 萬至 100 萬美元	• 確立創始團隊 • 擴大主要員工組成 • 設立顧問團隊或董事會 • 透過天使投資人團體或創投募資 100 萬至 300 萬美元，或更多

新創公司各階段的重要人力配置

低限度的投資——最高大約五萬美元，因此創辦人在此階段會自籌資金（self-fund）。即使在此階段，擁有一群背景不同、非常符合創辦人的價值觀，也能提供意見給予幫助的非正式顧問，也是不錯的作法。或許需要進行五十次的會面，才能找到五個這樣的人，但這項投資很值得！逐步把這個團隊縮小成值得信賴且回應積極的少數人：在此階段擁有太多顧問會累積債務。現階段給顧問的報酬可能包含咖啡或午餐，但可能還沒有現金或股票——但是當你向前邁進時，請把現金或股票當作選項。

導航計畫：在這個階段，避免分配過多股權給創辦人（或其他人），並使用股份行權。在你的概念得到驗證之前，把外部投資者降到最低程度。

隨著企業成長和MVP交到一些（有希望付費的）客戶的手中，此時可以讓某個人全職投入這項工作。沒有勇士，這間企業去不了任何地方。所以，創始團隊中至少需要有一名成員轉為全職，或者選定並聘請一位執行長。投資需求增加，可能會需要來自朋友與家人的資金，也可能是一位或兩位本身願意提供幫助的天使投資人。在這個階段必須自立創業，以最少的現金消耗或股權流失來完成所有事情。實際上你只是在適應企業的商業模式與規模化能力。

導航計畫：同樣的，從人力債務角度來看，在此階段應避免過度分配股權，並以股份行權的使用取而代之。對於會限制未來彈性的早期投資者條款，應保持謹慎的態度。你正在建立成長的基礎——還不需要一群資深員工、顧問或投資者。不過，由於此時是以外包服務來填補一些缺口，因此現在充實創始團隊並不算為時過早。

如果一切順利，企業的收入與潛力將會成長——但也會需要人力資源。這時候可以開始正式成立顧問委員會，可能要讓步釋出一小部分的股權。顧問委員會的成員委任不應該超過一年，可以使用「主動選擇加入」來留任。不要以主動選擇退出的方式，無限期的留任顧問。這會產生潛在的尷尬過渡期。此時你會開始編制創始管理團隊，但保持較低的薪資，並在可行的情況下利用外部資源。當你開始尋求外部資金時，儘量找那些能夠帶來現金以外的幫助，且可以取得更多資金的投資者。

導航計畫：請注意現金流中不斷增加的債務、投資者的期望，以及給員工的長期承諾。你或許還沒辦法完全掌握你需要的勞動力類型，因此你的早期員工的適應能力會很有幫助。他們也在跟你一起橫渡不確定性。

但願你有機會透過天使投資人團體獲得更多的資金，或者甚至透過創投投資者獲得A**輪募資**（A-round funding，通常是在成長期投入的創投與規模較大的資金，是三百萬至五百萬美元以上的更大規模的資金）。接下來可能會在產品開發和支援、行銷以及銷售上，進行大量的投資。此階段你可能會擁有董事會，還有一個、或多個代表特定能力的顧問委員會

——例如，生命科學新創公司可能會有一個醫療顧問委員會。

導航計畫：在這個階段，你的需求可能會超出當地勞動力人才的供應——確保你建立的主要員工組成是有彈性的，他們可以隨著企業的成長適應不斷變化的工作需求。你有可能會設置較小的員工選擇權池（option pool），但一小部分的股權仍有激勵作用。在這個階段，你的董事會應該要能夠指導你，度過一些你可能會引來的額外人力債務。董事會也要能夠教你，如何限制後來的投資者所提出的過於激進的條款。

就像白星航運一樣，如果沒有人力，企業就無法前往任何地方。無論是創辦人、投資者、顧問、員工、或是其他人，由所有參與者組成的關係與期望，能幫助深具潛力的新創公司，但也可能阻礙它。這些參與者可以提供必要的資源，來啟動、發展，以及參與所需的宣傳，以得到市場的歡迎。但是，它們也可能會消耗包含股權在內的資源，要求進行策略與結構改變以及限制靈活性，創造出巨大的債務冰山。白星航運一開始是載乘客前往澳洲的夢想之地，接著是載往美國。創辦人必須管理人力債務，才不會在處女航的途中，讓企業面臨失敗，也讓乘客與船上人員離成功企業的夢想之地越來越遠。

行銷之洋

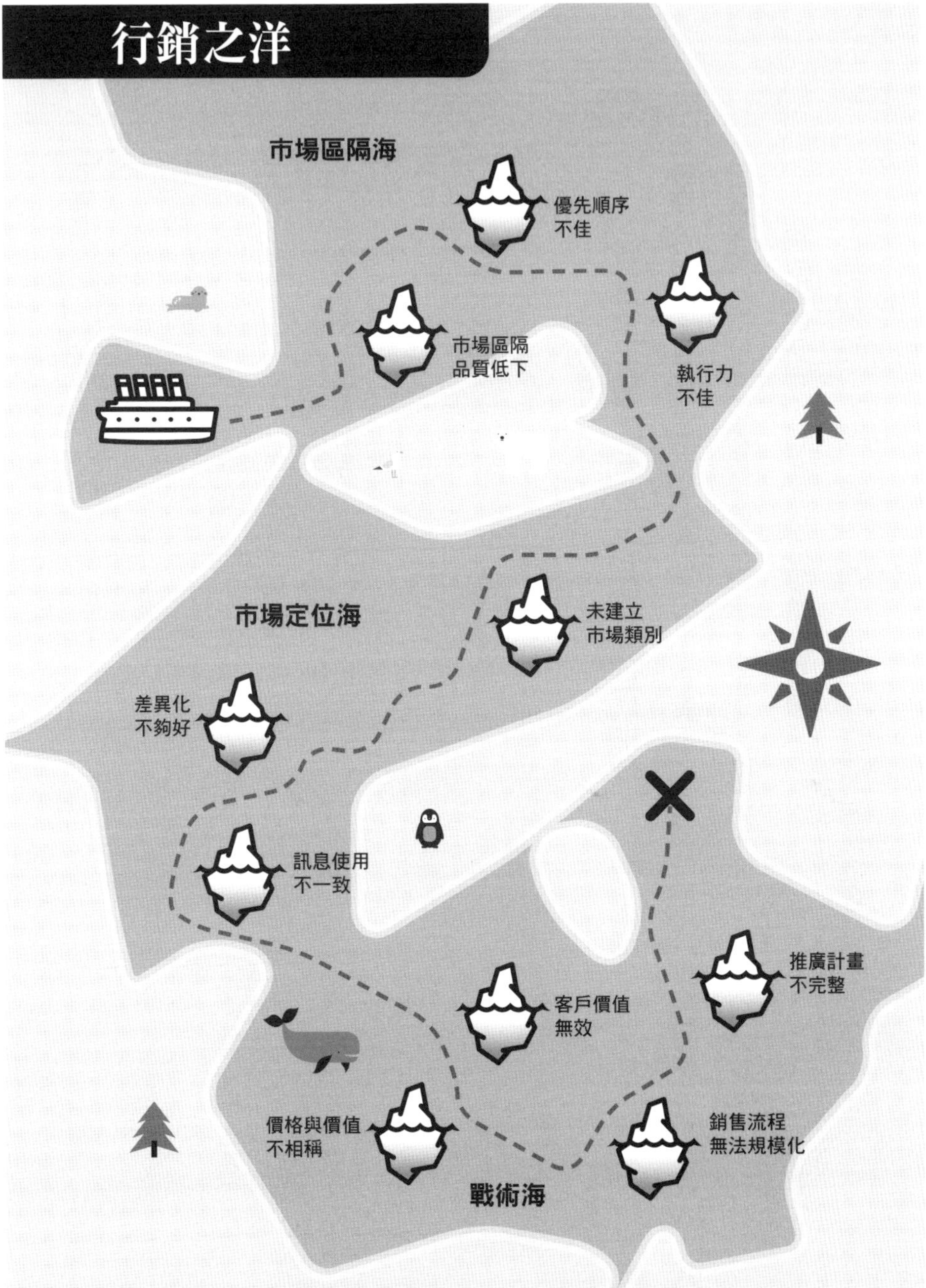
市場區隔海
優先順序
不佳
市場區隔
品質低下
執行力
不佳
市場定位海
未建立
市場類別
差異化
不夠好
訊息使用
不一致
推廣計畫
不完整
客戶價值
無效
價格與價值
不相稱
銷售流程
無法規模化
戰術海

第四章 行銷之洋

「在一個擁擠的市場中，融入大家就等於失敗……不凸顯自己就等同於隱形。」

——賽斯・高汀（Seth Godin）

「我只是想讓我的客戶滿意。」

——賽門與葛芬柯（Simon & Garfunkel）

一旦鐵達尼號建造完成，它就是有史以來最大的船。公司如何支付這艘最大的船隻的營運費用呢？首先是乘載大量的乘客。事實上，鐵達尼號可以乘載超過三千三百人，其中包含大約九百位工作人員。這就表示，它需要說服兩千四百人成為付費乘客。

每一次的航行，白星航運必須做幾件事：

- 找到足夠的乘客，說服他們為橫渡大西洋的特殊機會付費

- 向至少兩大洲——歐洲（美國之旅）和北美洲（返程之旅）——的大量受眾，傳達乘坐鐵達尼號的獨特價值
- 兌現其承諾的價值，讓這些乘客成為支持者，鼓勵其他人為下一次的特殊機會付錢

首要任務是為處女航獲取足夠的乘客，但白星航運想要一個可以長期持續、創造銷售的重複過程。

白星航運就像許多新創公司一樣，開始根據客戶願意支付的金額，對它的市場進行區隔。接下來，白星航運必須確定它的市場定位——即相較於橫跨大西洋的其他方式，它所能提供的價值。最後，它需要執行並兌現它對客戶（乘客）的承諾。

從行銷角度來看，鐵達尼號承擔相當大的隱性債務。它試圖同時為三個不同的目標市場提供服務。這會創造大量的累贅和許多犯錯的機會：

- 在同一艘船上，為每個市場區隔設計與提供不同的功能和好處
- 因為這艘船為每個市場區隔的不同需求提供服務，所以需要針對不同目標群投放不同廣告
- 在不同洲向不同目標區隔進行溝通

接著，更糟糕的是，白星航運希望市場能知道鐵達尼號代表三種不同概念——「最大」、

「最好」，以及「永不沉沒」。白星航運在試圖體現這三種概念的同時，引來了會危及船隻本身的設計限制。

那是需要規避的大量隱性債務。

如同我們將在本章節中所見，白星航運跟許多新創公司一樣，在每一個決策中都背負了行銷債務。不過，在我們深入探討鐵達尼號之前，讓我們先討論一下，會讓新創公司產生隱性債務的各種行銷決策。這些決策（或沒有這些決策），會創造出聚集在行銷之洋中各個海的債務冰山：

- **市場區隔海**——挑選合適的乘客
- **市場定位海**——確保他們在正確的船上
- **戰術海**——確保他們了解且可以支付這段旅程的費用

市場區隔海

鐵達尼號行銷的第一步是找出方法，鼓勵兩千四百人購買前往美洲的船票。最好的方法就是將乘客分類。即使到今天，大型郵輪也這麼做。

在高價位的頭等艙當中，最好的客廳套房當時票價最高達八七〇英鎊（約為現在的四千美元），單程票價最低則為三十英鎊（約為現在一五〇美元）。白星航運設計的頭等艙，在豪華程度上遠優於所有其他船的頭等艙，其中包含有史以來第一個溫海水游泳池、壁球場、健身房、土耳其浴、理髮店、狗窩、供應最佳十道菜的餐廳，以及擁有法國服務生的巴黎咖啡館。

船上還有二等艙（十二英鎊～十三英鎊）與三等艙（三英鎊～八英鎊）。真正劃分這三個艙等的是財富和社會地位，不僅僅是船票的價格。這種方法為白星航運的行銷工作，創造了三個不同的目標市場區隔。白星航運把頭等艙的目標乘客鎖定在上流社會，主要為商人、政治家以及社會名流。在這些身價數百萬的富翁當中，有許多人加入鐵達尼號，成為其歷史性處女航的一員。他們帶著隨從一起旅行，可能包含一名女僕、一名照顧孩子的護士、一名男僕，以及他們的狗，期待有一段奢華的旅程。他們盛裝赴宴，把它視為是一種值得細細品味的體驗。

接著是二等艙的中產階級旅客，包含教授、作家和著名的牧師。二等艙房間與其他船上典型的頭等艙房間一樣豪華。設備包含電梯、木板牆、油氈地板、散步甲板以及男士吸菸室。這些旅行者一直努力尋找一種橫渡大西洋的方式，當作他們工作生涯中的一部分。

最後，三等艙是提供給移民者，他們主要來自大不列顛與愛爾蘭，但也來自斯堪的納維亞半島（Scandinavia）、中歐和東歐、中東，甚至還包括香港。同樣的，白星航運不同於傳統，它在三等艙提供個人房間與餐飲服務，其他船則是提供宿舍式的睡覺區域，而且會要求乘客自己帶食物。這些乘客是想前往美國尋找財富，逃離他們當前的經濟狀況——最少只需要現在的十五美元！

以下是船上三種艙等的床鋪照片，來自北愛爾蘭國家博物館（National Museums Northern Ireland）的鐵達尼號展覽：

新創公司各階段的重要人力配置鐵達尼號的頭等艙，強調其寬敞的空間、華麗的細節，以及設備齊全的家具

鐵達尼號的二等艙床鋪，仍然很寬敞，但奢侈品少了許多

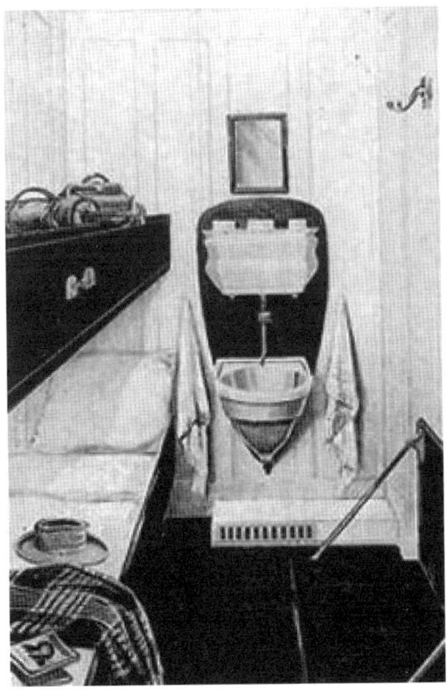

鐵達尼號的三等艙床鋪非常小，沒有額外的配備，可以容納一家六口。

雖然對郵輪來說，擁有不同等級的房間並不是特例，但要依據等級提供完全不同的娛樂設施與服務，在運作上是非常難以實現的。因此，每一個艙等都擁有各自的服務員，且實際上是獨立的。舉例來說，三等艙的周圍被鐵欄杆與可伸縮的鍛鐵大門包圍。服務員可以打開大門，但大部分時候大門是關閉的。大門把平民與權貴分開，但也以安全考驗的形式創造了隱性債務。

若考慮到複雜性，那麼鐵達尼號無法非常成功的吸引消費者，也就不足為奇了。鐵達尼號的處女航，只售出大約一半的船票，組成大約是40%的頭等艙與二等艙，加上70%的三等艙。不過乘客的確切人數，在各來源上有所不同，大約25%的乘客是頭等艙，21%與54%的乘客分別是二等艙與三等艙。

新創公司面臨的嚴峻挑戰是，投資者會根據它們的潛在市場規模——越大越好——來評估它們，但由於新創公司的資源有限，它們還不能有效的瞄準整個市場。有限的資源代表著，新創公司一開始必須專注於單一市場區隔。對新創公司來說，選擇一個大到足以產生利潤，但又不會太大或太分散，而使新創公司無法進行產品宣傳的市場區隔，是很困難的事。

新創公司 Bellabeat 就是受市場區隔所苦的一個例子。烏爾詩卡．瑟薛（Urška Sršen）與桑德羅．穆爾（Sandro Mur）成立 Bellabeat，幫助女性監測自己的健康。「所有女性」是一個有吸引力的大型市場，大約有八千六百萬人。然而，新創公司沒辦法應付「所有女性」這樣龐大且多樣化的市場區隔。於是，Bellabeat 把焦點放在美國的孕婦身上，讓她們能透過監測器聽到嬰兒的心跳。如此一來市場減少到大約四百萬名女性——這是美國每年的新生兒人數。

即便如此，四百萬人仍然是一個很大的市場，也相當多樣化。要找到在美國的一位孕婦，尤其是願意支付一二九美元去聽她的寶寶的心跳的孕婦，是很困難的。根據報導指出，Bellabeat 的第一款產品只銷售出三萬五千個，占目標市場區隔的**占有率**不到1％。（相較之下，小小愛因斯坦〔Baby Einstein〕的書籍每年銷售量約為二十五萬本）。後來，Bellabeat 改成根據需求與心理特徵（我們稍後在本章節中會討論）來定義其目標市場區隔，而不是根據人口結構，因此享有更進一步的成功。

雖然以整個市場為目標（以行銷術語來說，就是所謂的**大眾行銷〔mass marketing〕**）對新創公司來說不是一個好方式，但要對市場適當的進行區隔，並且以循序漸進的過程有效瞄準這些市場區隔，需要付出相當大的努力。在談到最佳作法與新創公司必須做的選擇時，我們要討論在市場區隔海上的三個漂浮冰山。

市場區隔品質低下

區隔客戶需要仔細的考慮與努力。首先要先了解，產品區隔不等於客戶區隔（產品區隔的例子，請參見方框）。客戶市場區隔背後的基本概念是，你可以把潛在客戶歸類到不同「類別」，在同一個類別裡的客戶大部分是相似的，而每一個類別裡的客戶，通常會跟各個其他類別裡的客戶不一樣——即類別內部同質，但不同類別之間異質。想像一下，你面前有無窮無盡的潛在客戶——有多少類別呢？該如何把每一位客戶分到正確的類別中呢？

客戶 vs. 產品市場區隔

「市場區隔」這個詞經常用來指產品的種類。例如，你可以把零食市場分成幾個主要與次要的產品分類：

- 鹹的零食
  - 洋芋片
- 天然起司
- 甜的餅乾

○ 墨西哥玉米片
• 巧克力糖果
• 優格
• 非巧克力糖果
• 鹹的餅乾
• 點心／燕麥棒
• 糕點／甜甜圈
• 堅果零食

在這本書當中，我們使用的「區隔」與「市場區隔」一詞是指客戶的類別，而非產品的種類。

過去，公司會根據人口統計資料來區隔客戶（例如，年齡、種族以及收入），因為媒體會根據人口特徵來刊登廣告。後來，市場行銷從業人員發現，單憑人口統計資料並不能充分代表潛在客戶的潛在差異，然而，這對有效的向潛在客戶進行行銷是很重要的。行銷人員希望能跟他們的市場區隔，建立心靈與思想的連接。人口特徵不足以反映客戶心靈與思想的差異——舉例來說，女性可能比男性吃更多零食，但在相同的訂單中，他們都喜歡相同的零食產品（譬如，他們都最喜歡巧克力[34]），所以在鎖定市場區隔時，性別這項人口特徵並沒有提供行銷人員有用的資訊。

相反的，一個能夠反映區隔差異性的有效市場區隔方法，會利用兩種或兩種以上的市場**區隔基準**（**bases of segmentation**）：

- 人口特徵
- 行為，包括實際購買行為與「利益追求」或需求
- 心理特徵
- 地理位置

具體的市場區隔基準，會取決於客戶是消費者（B2C，企業對消費者的簡稱，是指企業直接以個人消費者為目標）或是其他企業（B2B，企業對企業的簡稱）而稍有不同。下表根據新創公司的商業模式是B2C還是B2B，標出新創公司在每個市場區隔基準下可能使用的變數：

為了簡單化，我們會把重點放在這些想法在B2C公司的應用。我們會使用零食當作例子，來說明這些市場區隔基準[35]如何操作。

跟行為有關的因素（即行為市場區隔基準），包含客戶購買什麼、他們購買多少、他們購買頻率多高、他們何時購買，以及他們對特定品牌的忠誠度多高。以零食為例，你可能

基準	B2C	B2B
人口特徵	收入、年齡、性別、婚姻狀況等	類型、規模、產業、地位等
行為	數量、用途、頻率、利益追求、忠誠度等	數量、用途、應用、利益追求、買方需求、產品規格、忠誠度等
心理特徵	興趣、心態、個性、生活方式等	購買方式、經營變數、買方的個人特徵等
地理位置	地點	地點

每個市場區隔基準的變數

會把你的市場切割成下列幾種行為類別：

- 重度 vs. 輕度零食愛好者
- 每天 vs. 偶爾吃零食者
- 品牌忠誠者 vs. 品牌轉換者

另一種考慮行為市場區隔基準的方式是根據**需求**（也稱為「利益追求」）。這種方法認為，人們購買品牌或產品[36]，是因為他們想要透過花錢來解決未被滿足的需求。例如根據一項研究發現，消費者用零食解決的需求結合了功能與情感。你可以把它們歸類為「一小頓餐」（迫切需求＝飽足感）vs.「對你更好」（迫切需求＝健身時的健康能量）vs.「放縱」（迫切需求＝讓自己心情更好）。[37]食品公司菲多利（Frito-Lay）發現一種以功能性需求區分產品利益的市場區隔方法，如下列例子所示：

- 在咀嚼者中，他們喜歡嚼口香糖來保持下顎的活動，也偏愛一些要咀嚼才能吃完的零食。

- 喜歡咬碎食物的人，會在零食發出酥脆的咬碎聲（譬如，咬芹菜和洋芋片時發出的聲音）時覺得滿足。
- 喜歡滑順口感的人不想咀嚼，他們偏愛會在嘴巴裡散開的零食，像是優格。
- 喜歡吸食的人，他們喜歡會在嘴巴裡緩慢溶解的零食。[38]

功能性需求是個好的起頭方式。不過，最好的作法不只是要了解客戶需要什麼樣的功能，你還需要了解這些功能性需要，如何幫助人們滿足他們的情感需求與個人價值。[39]

根據市場區隔裡人們的需求來定義目標市場區隔，遠比產品市場區隔更有幫助！創業成功的 Airbnb 是從專注於專業論壇開始的。創辦人認為，與會者想要住得離論壇舉辦的酒店更近一點，而且也許還想住在一個像家一樣的地方——如果舉辦論壇的酒店不是住宿的選項，那更是如此。他們開始把自己的公寓出租，供當地一場座無虛席的論壇的出席者住宿。他們在二〇〇八年民主黨全國代表大會時，推出自己的軟體平台。經過一段時間後，以產品為導向的「論壇常客」市場區隔，轉變成以需求為導向的「外地的家」市場區隔，代表的是一個更大的機會。

心理特徵的市場區隔基準，則是根據不同區隔中人們的興趣、活動、以及態度來描述不同區隔。研究機構發展出幾種知名的心理市場區隔方法。其中一種是價值觀與生活型態

（Values and Lifestyle，簡稱VALS）市場區隔方法。VALS是美國研究機構史丹佛國際研究院（SRI International），在一九七八年根據社會學家大衛・里斯曼（David Riesman）與心理學家亞伯拉罕・馬斯洛（Abraham Maslow）的研究成果所發展出的方法。

VALS包括八個不同的區隔，像是體驗者、製造者以及創新者。[40]舉例來說，體驗者喜歡成為新趨勢的先驅，他們非常時尚且善於交際，而且會對視覺刺激作出回應。如果你要推出一款新的零食，它具有獨特的成分，且視覺上很誘人，那麼你會想招攬體驗者成為你的早期消費者，讓他們嘗試新零食，然後跟他們身邊的人分享。另一方面，創新者就像科學、研發以及新技術。創新者會根據事實做決定，而不是根據廣告。對於創新者來說，有吸引力的零食可能是成分最好與有益整體健康的。

這些心理特徵描述更著重於告訴你，如何吸引在你的區隔中的人們，而不是了解他們追求的是什麼產品屬性與利益。使用心理特徵當作市場區隔的基準，能讓你更深入了解你的客戶是誰，他們想在生活中實現什麼，以及他們希望行銷人員如何與他們交談。這些資訊對於大範圍的**推廣**很有影響力，但這並不能說明，在你的產品類別中他們是出於什麼因素而購買——只有行為（包含以需求為導向）市場區隔才能做到這點。

地理人口統計市場區隔

少數公司有提供地理人口統計市場區隔，它是結合郵遞區號與其他社會經濟變數的市場區隔。一間名為 Esri 的公司，提供一種稱為 Tapestry 的地理人口統計市場區隔[41]，另一間公司尼爾森（Nielsen Claritas）[42]提供的是稱為 PRIZM 的地理人口統計市場區隔。購買這些數據相對比較便宜。雖然地理人口統計方法，為人口特徵市場區隔基準帶來更多豐富性，但它比以需求為導向或心理特徵的市場區隔更表面。

雖然新創公司的市場研究預算通常很有限（說句公道話，也許沒有市場研究的預算），但知名品牌通常會進行它們自己客戶的市場區隔研究，以便它們能對市場需求有自己的看法。這些專屬研究雖然是最佳作法，但成本很昂貴，需要花好幾個月才能完成，而且通常需要使用到第三方市場研究公司。因此，雖然這些詳細資料非常有幫助，但很少有新創公司能對市場擁有這種程度的詳細資料。然而，新創公司往往可以找到，使用原始研究來描述區隔的研究文章。若能留意我們在網路上找到的零食研究，再利用其他人的成果，會是很好的起點。經過一段時間後，如果資金與明確的需求出現了，新創公司就可以考慮進行屬於自己的客戶市場區隔研究。

導航計畫：不要企圖以整個市場為目標。根據行為與心理變數，把客戶分成不同區隔。如果沒有經費可以從事專屬的市場研究，可以在網路上和研究資料庫裡尋找類似的資料。

一般來說，你所使用的市場區隔基準越多，客戶市場區隔設計就會越好。更多的基準可以提供對客戶更深入的了解。當然，在完整且可靠的市場區隔、市場研究成本，以及從事這種研究的困難之間，一定會存在**權衡**。根據經驗法則，許多市場中的客戶，大多會分別群聚於大約四種不同的客戶市場區隔中。兩種客戶市場區隔可能太少。另外，對六種或更多種市場區隔採取行動，對新創公司來說可能會太難。

「市場區隔品質低下」代表無法有效的區隔市場，或者代表對這些市場區隔的理解很差。這個理解應該包含市場區隔對這項產品的需求，如下列範例：

- 功能面需求（例如脆脆的口感）

- 情感面需求（例如內疚的愉快感，因為美味的食物通常對你有害）
- 社交面需求（例如別人也欣賞這個產品）

從本質上來說，新創公司需要釐清，每一個市場區隔是要這個產品做什麼工作。哈佛商學院教授克雷．克里斯汀生（Clay Christensen）以他的創新思想聞名，他曾鑽研產品「要做的工作」的概念。[43]這意思是，當人們付錢購買某樣東西時，表示他們在雇用這項產品去做一項工作。因此，弄清楚那項工作是什麼，你就能了解客戶最重要的需求了。

此外，這種理解應該包含，每一種客戶區隔在現有競爭者提供的產品類別中，經常經歷的長期痛點是什麼，以及什麼東西能為每一個區隔創造價值。**市場區隔輪廓**（**segment profile**）或**形象**（**persona**，本章後面會討論）可以幫助新創公司的所有人，在制定他們的決策時考慮這個客戶區隔。

導航計畫：對客戶進行區隔只是第一步。一旦你擁有一個很好的市場區隔設計，你就必須去深入了解每一個市場區隔。

回顧一下 Bellabeat 的例子。試圖以所有孕婦為目標，是個品質低下的（或至少可以說是不完整的）市場區隔方法。在女性與她們的需求之中，存在著比「懷孕」這個人口統計變數更多的變異。當 Bellabeat 改用以需求為導向與心理特徵的市場區隔時，它可以更適當的將其目標區隔描述為「希望在每個生活階段追蹤她們自身健康的女性」。關於病人的醫療保健研究表明，這大約占所有女性的20%～30%。

為了達到這個目標市場區隔的需求，Bellabeat 開發多款產品，供不同生命階段使用——一款未出生的嬰兒監測器、一款看起來像珠寶且不需要充電的健康追蹤器、一款智能水瓶，以及一款健康教練ＡＰＰ。行銷人稱之為「市場專業化」——為一個市場區隔提供多款產品。到目前為止，Bellabeat 已經從市場區隔品質低下的冰山倖存下來，現在它正以更有效的計畫橫渡市場區隔海。

注意！當創辦人說，「每一位客戶都能從我們的產品獲得好處」，那就表示他們不明白市場區隔的重要性。他們很可能沒有特定的目標，而且會很難獲得市場的青睞。

優先順序不佳

沒有做好客戶區隔（也就是進行大眾行銷）會產生債務，因為要向市場上的每一位客戶行銷，會帶來很高的成本，而且難度很高。新創公司在初期可能會浪費寶貴的現金，在錯誤的市場區隔上消耗有限的客戶來獲取收入。

在行銷上的一項關鍵指標是客戶的**轉換率**——轉換率越高，行銷工作就越有效。試想一下，假如有一百位潛在客戶進到一個網站。如有1%的轉換率，就會有一位客戶。如果有10%的轉換率，這間公司就會有十位客戶。但任何一種行銷活動的轉換率往往都低於10%。

一次擁有太多的市場區隔也會產生債務。對客戶進行區隔的目的是為了更有效率：花更少錢的同時，更有效的得到更高的轉換率。因此，把目標範圍縮得更窄，以獲得更高的轉換率，通常會比目標範圍廣泛配上低轉換率還要更好。鎖定客戶區隔的目的，是為了讓滲透率在該區隔中最大化。若是有效的定義目標市場區隔，能在一系列的行銷活動後，讓目標區隔中80%或更多的客戶購買該產品。一方面，這聽起來像是一個幾乎不可能達成的目標；但另一方面，規劃達成這種程度的滲透率也許是很有效的動力。

想實現這個目標，表示要實際找出一個夠小的區隔，這樣你才能了解如何獲得比例很高的客戶。TRX預估它的訓練產品，已經讓它滲透95%的職業運動隊。在某種程度上，這種事要靠運氣——德魯・布里斯在治療肩傷的同時，他注意到這項產品，後來也幫助紐奧良聖徒隊採用這項產品。不過，職業運動隊也認識TRX，是因為創辦人藍迪・海崔克為了得到這個目標市場區隔，在兩年的時間內進行三百場以上的銷售簡報。他為了最大程度的滲透到一個有助於影響他人的市場區隔中，做了意想不到的投資。

當一間新創公司一次以越多區隔為目標，它就越不可能達成那樣的滲透率。請記住，鐵達尼號在購買三等艙航程的市場區隔表現最好，但它卻很難補滿另外兩個市場區隔——頭等艙與二等艙——的位子。

80%的滲透率，怎麼可能？

有些人看到「80%的滲透率」便認為是「80%的市場占有率」。請記住，我們的目標是瞄準狹義的市場區隔，並且對此市場區隔非常了解，讓其中80%或更多的客戶舉手表示願意成為客戶。以下是一個新藥推出的例子。市場分為三個區隔。整個市場不到一半（占整體市場45%）採用這個新品牌。不過，新品牌的推出很成功，因為它成功轉換了它目標市場區隔的85%：

市場區隔	市場區隔占客戶百分比	品牌占市場區隔百分比	品牌採用者占市場百分比
專家體驗者：他們是追蹤最新發展的疾病專家，喜歡嘗試新產品，看看新產品是否能改善病患照顧。這是對製藥公司最重要的市場區隔。	20%	85%	17%
讓我看看它的效果：他們會為大量的患者看診，也喜歡新產品，但希望專家們能先驗證新產品的效果。	30%	60%	18%
經過反覆驗證有效的最好：他們習慣以特定方式來看診，會擔心新產品可能不夠安全而不能廣泛使用。	50%	20%	10%
			總計＝市場占有率為 45%

消費性產品的大公司（像是寶僑公司〔P＆G〕），會透過不同品牌來瞄準多個不同市場區隔。但另一方面，新創公司一開始可能需要更集中焦點。瞄準多個市場區隔的執行挑戰，會需要更多的人力、時間、以及資金。舉例來說，P＆G有五種衣物清潔劑產品，每一種都以不同的需求導向市場區隔為目標：

- Tide是提供給家庭與其他需要清汙漬的人。
- Cheer是提供給想要洗衣服但不會褪色的人。
- Gain是提供給想要讓衣服洗起來很好聞的人。
- Era是提供給想以更實惠的價格把衣服洗乾淨的人。
- Method是提供給想要以環保的方式清洗衣服的人。

因此，鎖定多個市場區隔就代表不同的產品供應、價格以及廣告訊息。大多數新創公司不具備這些資源。相反的，當他們說他們的目標是多個市場區隔時，他們是試著用相同的產品供應、價格以及廣告訊息，來接近一個以上的市場區隔。這種方法不僅不是最好的作法，通常也是無效的。理想情況下，新創公司會專注於一個明確的市場區隔，好讓它們能制定出一條路徑，被市場區隔裡的多數客戶、或甚至是80％的客戶所接受。

導航計畫：新創公司也需要對市場區隔進行階段性的優先排序。在為市場區隔排定優先順序時，在市場區隔規模／獲利與對產品感興趣之間，本來就會存在緊張關係。理想的情況是，最大／最賺錢的市場區隔是最關注你的產品的區隔──這樣的市場區隔唾手可得。但很不巧的，這種情況似乎很少發生。

新創公司應該最先關注對它們產品最感興趣的市場區隔，即使這個市場區隔很小。要在一個已經知道自己有問題，正在積極尋找解決的辦法，而且已經有產品能滿足其需求的市場區隔中轉換客戶，會更加容易。選擇一個更大的、但對你的產品不感興趣的市場區隔，會在宣傳成本方面產生債務，因為創造需求需要使用寶貴的宣傳費用，而這筆費用或許能被用在更好的市場區隔。

在B2B的市場區隔中，典型的挑戰是應該以大型機構（購買成交的路徑較長，且購買流程較複雜）為目標，還是以小型機構（使用者更有可能成為買家）為目標。同樣的，對產品的興趣與需求會是決定性因素。如果大型機構能獲得更大的利益，那麼即使它們需要花更長的時間且更困難，仍值得以它們為目標。無論新創公司選擇哪個市場區隔，都應該只選擇一個，並且實際的搞清楚該如何做到滲透率最大化。如果每個市場區隔確實不一樣，那麼鎖定一個以上的市場區隔，就代表在每個市場區隔中都會沒那麼有效。

也就是說，新創公司需要計畫如何逐步擴大。新創公司需要計畫，在滲透第一個市場區隔後，接下來要瞄準哪個市場區隔。投資者希望能看到巨大的市場機會。確定目標能取得穩固的立足點，但新創公司應該擁有計畫，以便逐步的擴大市場。

導航計畫：順帶一提，新創公司應該考慮，它們在行銷計畫上所使用的內部想法與資料，可能會跟它們分享給投資者的訊息不同。投資者希望能看到通往長期成功之路的大型市場。行銷計畫則需要更專注於小範圍市場與戰術上，才能逐步建立起漸進式的成功。給投資者的投售簡報可以適當的把重點放在更大的機會與長期的成功。不過，內部計畫的重點應該放在獲取目標市場區隔中接下來的五位客戶！

注意！新創公司應該要能解釋它在持續進行的目標計畫。這個計畫應該從小範圍的焦點開始，但會隨著時間擴大。一個有效的計畫能告訴你，新創公司將會如何發展，且它們對市場有很深的理解。只了解第一個目標市場，但沒有後續計畫是不夠的。

米卡利斯．高達（Michalis Gkontas）在希臘雅典創辦Cookisto[44]，他的理念是為那些自己煮晚餐的人，跟不喜歡做飯的人建立起連結。不煮飯的人可以從煮超過自己需求的人那裡，購買到自製的晚餐。透過APP，不煮飯的人可以知道有煮飯的人做了什麼菜，然後購買額外多出來的菜。Cookisto同時在整個市區推出，它得到種子資金，並利用這筆錢吸引大批新用戶。

不幸的是，開車到另一個鎮去領取別人多煮的菜太不方便了——人們可以停在附近餐廳外帶就好。儘管Cookisto努力的進行宣傳，新用戶並沒有轉換成持續性的用戶，因為它把目標定得太廣了。

後來，Cookisto把目標縮小到僅限公寓大樓裡的人——以地點區隔客戶。現在，食物就在附近，而且很方便。不過，這代表Cookisto需要逐棟累積起大量的公寓大樓。這種區隔太限縮了。

由於一開始市場區隔品質不佳，接著是優先順序不佳，最後Cookisto倒閉了。為了克服如何把食物送給飢餓的人的挑戰，並重新調整焦點，它重新推出一項稱為Forky的預訂食物配送服務。現在，雅典的上班族可以訂購他們想要的特定午餐，然後在十五分鐘內以腳踏車送去給他們。自Forky於二〇一四年成立以來，它表現得越來越好。它清楚的縮小了它的焦點——大城市裡上班族的午餐。時間將會證明這種作法能否更成功。

一間印第安納食品技術新創公司 ClusterTruck，也有過跟 Forky 類似的點子，它想為準備吃飯的人取得預先製作的食物。它有效運用類似的預訂方法。不過，它以地理位置做區隔。ClusterTruck 從大都市區域開始，以市中心區域進行白天銷售，大學校園則進行夜間銷售。雖然 ClusterTruck 正在擴大發展，但它還是集中在中端市場的市中心與大型大學城裡的小據點——像是印第安納州布魯明頓與俄亥俄州哥倫布。ClusterTruck 已經確定出很好的目標市場區隔，因此現在有很大的潛力。ClusterTruck 仍然是一間迅速發展的新創公司。經過一段時間後，我們同樣可以知道，這種作法是否是好方法。

執行力不佳

擁有一個良好的市場區隔設計，並適當的排定市場區隔的優順序先，是一種**策略**。新創公司也需要戰術——在不斷發展的基礎上運用市場區隔的計畫。

為了有效做到這點，新創公司需要每個市場區隔的詳細人物形象。買方形象[45]是根據市場研究與市場區隔的真實數據，對理想客戶進行的一種半虛構式描述。接著，新創公司應該根據人物的形象，及其對每個市場區隔的深入了解，為每個市場區隔建立不同的產品、價格以及推廣計畫。

導航計畫：B2B新創公司應該為它們的業務代表提供好的探索問題，以評估潛在客戶所屬的市場區隔是哪一個。B2C新創公司應該要能夠開發出，包含三個到五個問題的篩選工具，以分辨消費者的市場區隔。這種篩選工具很適合當作線上註冊表格的一部分。

根據市場區隔的人物形象，推廣活動包含關鍵廣告訊息，和每個市場區隔的這些訊息要被放在哪裡，或者說是市場區隔通常會看的媒體，像是雜誌、電視、廣播、網路，以及現在的社群媒體。

在實現白星航運的市場區隔計畫上，它們做得很好。針對頭等艙乘客所做的廣告與公關強調豪華住宿，且出現在美國，大部分刊登在雜誌上，但也會刊在報紙上。至於三等艙乘客，白星航運則是把報紙刊登在包含英國在內的歐洲，以提供繁榮的希望。這個計畫很好，因為它為每一個市場區隔提供客製化的訊息與媒體管道。現在回頭看，我們能從還有多少空位沒有售出，來質疑該推廣計畫是否夠有效。這有可能是影響範圍的問題——這些媒體沒有接觸到夠多的目標受眾。另一方面，也可能是廣告訊息的問題，因為它們的關鍵訊息不足以打動每一個市場區隔。無論原因是什麼，結果是轉換率很低，這再次說明要鎖定一個以上的市場區隔，是多麼困難的一件事。

許多公司（包含新創公司）都會犯這樣的錯誤，即試圖以相同的產品與訊息，來瞄準兩個不同的市場區隔。為了努力照顧到兩個不同群體的需求，新創公司會折衷於對雙方只有一般程度的吸引力的東西，而不是對更重要的市場區隔有極大吸引力的東西。以這種方式稀釋訊息，會導致每一個市場區隔的轉換率遠低於80%這個目標。因此，公司因為簡化了執行而引來債務。

有學術研究[46]表明，區隔化的廣告訊息之所以有效，是因為這些目標覺得自己被當成目標：他們看見他們的需求被陳述在針對他們的訊息裡。當他們看不到他們的需求時，他們也不會回應。因此，新創公司應該仔細琢磨，傳遞給每個目標市場區隔的每一則訊息。

漢普斯．雅各布森（Hampus Jakobsson）指出[47]，他的瑞典B2B銷售情報新創公司Brisk如何苦於正確的做出市場區隔。Brisk沒有使用大眾行銷或確定市場區隔，而是為每一位客戶客製化其產品，有時候甚至是為同一間公司的多位用戶客製化。行銷人稱這種方法為**一對一行銷**。

Brisk產品的目標是讓銷售過程更可預測。他的團隊從基礎平台開始，然後為每一位客戶在此基礎上客製化APP。舉例來說，一個客戶機構能為銷售代表與銷售經理，提供不同的客製化產品。他們實現了靈活的產品，但在有相同的需求與目標的客戶區隔裡，沒有可複製的故事。他們沒有同時能吸引一個以上客戶的使用案例。此外，支持每一位個人客戶所需的資源，可能是Brisk用來爭取新客戶的資源。在Brisk的案例中，由於沒有焦點，導致執行力不佳，產生讓**風險企業**陷入困境的債務。

新創公司面臨一項權衡——目標太小，整體銷售量潛能太低；目標太廣，執行上太困難。新創公司必須了解潛在客戶區隔，才能在這些區隔之間排定優先順序，有計畫的逐步擴大市場。接著，它們必須有能力根據產品本身、產品的價格，以及公司打算如何推廣產品，來為不同市場區隔提供差異化產品。遠離這個想法的每一步，都會以低轉換率與高成本的形式帶來債務。

市場定位海

有三種不同的目標市場區隔、產品設計以及服務，對白星航運與鐵達尼號來說是個挑戰。因此，廣告也是一項挑戰。有趣的是，美國人在頭等艙中占首要地位；另一方面，二等艙與三等艙主要吸引的是英國人和愛爾蘭人。傳遞給頭等艙的主要廣告訊息，著重於奢華的設備；三等艙的主要廣告訊息是乘船到美國。為了實現地理位置上的差異，白星航運必須在兩個洲散布行銷訊息。此外，有了持續進行的旅行計畫表，在處女航之前要全力打廣告。試想在一九一二年，操作上有多麼困難。事實上，為了簡化這項挑戰，鐵達尼號的許多廣告都包含奧林匹克號和鐵達尼號。畢竟，白星航運必須為這兩艘大船帶來絡繹不絕的乘客。

兩艘船的廣告不僅有針對不同市場區隔的不同訊息，內容也滿足各個區隔的不同需求。鐵達尼號最主要與最大的廣告提到了它的規模大小——「四萬五千噸，世界上最大的蒸汽船。」一報紙廣告說鐵達尼號是「最新、最大、最好的海上蒸汽船。」一更具體的廣告則展示每一個艙等的娛樂設施，包含頭等艙的廣告提到游泳池、土耳其浴，以及其他放縱的設備。

奢侈香皂品牌 Vinolia Otto 甚至與鐵達尼號聯名廣告，指出鐵達尼號選擇 Vinolia 供頭等艙乘客使用。雖然我們大部分的人不認識 Vinolia 這個品牌（由利華兄弟公司〔Lever Brothers〕所擁有，也就是我們今天所熟知的聯合利華〔Unilever〕），但在一九一二年，這是一個非常知名的品牌。

三等艙的乘客不像頭等艙乘客，他們根本不在意奢侈品。針對三等艙乘客的廣告手冊強調的是美國繁榮的前景。這表示鐵達尼號確實試圖滿足這些不同市場區隔的需求——提供頭等艙乘客回家時的一流美酒與美食，並藉由提供三等艙乘客前往夢想地的方式，來改變他們的長期前景。

除了滿足不同市場區隔的不同需求的挑戰，鐵達尼號也因為複雜和矛盾的消息而困擾著自己。白星航運公司根據鐵達尼號的規模與豪華來定位它，客戶對最大的船的最大擔心則是「它可以持續漂浮在海上嗎？」雖然鐵達尼號的廣告本身都沒說船不會沉，但這是卡在市場上最嚴重的一個訊息。

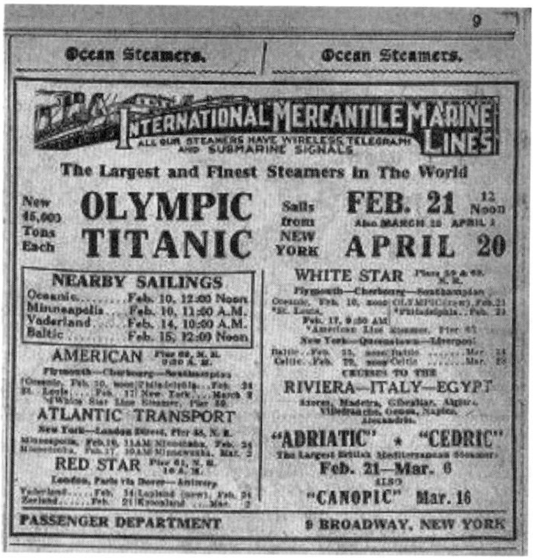

如果關於鐵達尼號不會沉的說法從未出現在任何廣告上，那麼公眾是如何知道這個觀點？答案是，白星航運除了透過廣告外，也提供了其他直接與間接的訊息。首先，白星航運的廣告手冊宣稱：「這些船隻盡可能被設計得不會沉。」這個理念很快的透過口耳相傳擴散開來。最後，包含白星航運的員工在內的每個人，都相信鐵達尼號永不沉沒。就連鐵達尼號起航時，白星航運在紐約的副總裁也說：「我們相信這艘船永不沉沒。」

鐵達尼號想讓人們知道，它是「最大的」且「最好的」，但它也需要客戶相信它是「不會沉的」。這是三個同時擁有的不同概念。請注意，鐵達尼號與奧林匹克號都是最大的船。鐵達尼號跟奧林匹克號的差異是最好與最新。這種複雜的定位既難以溝通，也難以實現。

自從傑克．屈特（Jack Trout）與艾爾．賴茲（Al Ries），在一九八一年首次出版這類主題的書以來，行銷人就一直在倡導適當的定位產品的必要性。[48]定位背後的基本思想非常簡單——人類的大腦喜歡整理與分類訊息。因此，公司必須讓客戶很容易了解，它的產品是屬於哪個類別。行銷人稱該類別為產品的**參考架構（frame of reference）**。參考架構意識到客戶是評估產品供應的人。因此，新創公司需要了解客戶如何分類產品。只有藉由了解客戶的參考架構，新創公司才能明白誰是它真正的競爭對手。

了解參考與競爭架構，有助於新創公司清楚的表達出，為什麼客戶要購買它們的產品而不是競爭者的——產品的差異點（point of differentiation，簡稱ＰＯＤ）。每個產品都需要一個強而有力且令人信服的ＰＯＤ。下列是很多大品牌已經找到有效的ＰＯＤ的例子：

- FedEx＝在二十四小時內到貨
- 達美樂（Domino's）＝在三十分鐘內送達披薩
- Nike＝卓越
- 星巴克（Starbucks）＝放鬆
- 可口可樂（Coke）＝總是令人清涼暢快
- 鐵達尼號＝永不沉沒

實際上，這比它聽起來得還要更困難，尤其新創公司要適當的定位它們的產品更難。具體來說，新創公司在市場定位海會從三個不同的來源引來債務。

未建立市場類別

很多創辦人起步時，會認為不存在能跟它們公司的產品相比的東西。若不是這個構想很與眾不同，創始人說不定會認為他們的解決方案，新奇到能夠顛覆這個行業。

如果我們回到人類大腦喜歡進行整理與分類訊息這個觀點，我們會發現，一個真正新穎且獨特的產品，實際上會面臨一些大問題。讓我們回顧一下零食的例子。大多數人通常對零食的認知是什麼：是比正餐更少的食物，也是在兩頓正餐之間吃的食物。大多數人也會認為零食的基本特徵是：很快的被吃掉、美味、滿足飢餓感，以及愉快的消費體驗。如果我們再更深入的探討零食，它可以被分為幾個子類別（被該行業稱為核心十類），像是鹹的零食、巧克力糖果以及優格。我們也可以把零食分類成健康的／不健康的。使用這些分類中的任何一種，大部分的人都可以分辨出該類別中的產品屬性，並說出屬於該類別的特定產品與品牌。

想像一下像 Soylent 這樣的產品，它是一種能代替正餐的產品，包含液體與粉末形式。它說它有完整的營養，占一個人每天所需熱量的20％。

- 它的參考架構是什麼？
- 它是正餐還是零食？
- 它屬於核心十類零食的其中一種嗎？
- 它是代餐奶昔嗎？

在客戶知道這是什麼東西之前，他們會很難對其進行評估。如果沒有現成分類的捷徑能幫助客戶評估一項產品，公司就必須花費時間與金錢，教育他們有關的類別與產品的特性。教育是昂貴且緩慢的。大多數新創公司沒有資源能有效的做到這點。

GoKart Labs 的麥特・強森（Matt Johnson）在二〇〇八年創辦 Kinly。強森的構想是，人們會想要擁有一個只供家庭使用的社群媒體網路。透過 Kinly，一家人能以安全、私密的方式，分享新聞、照片、事件以及經驗。Kinly 做得特別好的是，表明它的類別——「家庭用的臉書。」（我們在後面會討論 Kinly 承擔了不同的行銷債務，但它們至少在分類上做對了。）以知名的例子（如臉書）作為分類的定錨，是向潛在客戶提供參考架構的有用方式。

另一方面，吉爾・薩迪斯（Gil Sadis）的以色列新創公司 Licensario[49]，承認公司走向失敗之路上所犯下的大錯之一就是，把自己放在必須教育市場去了解它在什麼位置。Licensario 稱自己是「一種雲端基礎的解決方案，可以解決其他**軟體即服務**（**Software as a Service**，簡稱 **SaaS**）公司痛苦的寄帳單過程。」大部分的客戶可能都知道雲端基礎的解決方案是什麼，尤其是 SaaS 公司，但是「痛苦的寄帳單過程的解決方案」是在做什麼的？它是屬於哪個類別？它是一種提供費用清單的系統嗎？它能管理 SaaS 的授權合約嗎？

Licensario 所做的事就是，提供 SaaS 公司一個測試產品配置與價格點的工具，為 SaaS 公司的客戶優化組合，並最大化 SaaS 公司的收入。即使是這樣的解釋，還是有點令人困惑。說到底，客戶沒有任何能跟 Licensario 做比較的參考架構，因此最終無法前進。這項創業失敗了。

一間我們稱為Startup Bravo的健康資訊科技新創公司，也曾深受這樣的困擾。一開始它提供了一款智慧型手機APP，能讓醫生在下班後接通病人的電話，同時智慧型手機螢幕上還能顯示病人的電子病歷（electronic medical record，簡稱EMR）的關鍵數據。如果你不是醫生，你可能會覺得這個點子好像非常簡單、有趣。然而，Startup Bravo在前三年卻面臨困難，因為對醫生來說，它的產品跨越三個分類：下班後的通話管理、電話回覆服務以及電子病歷。它包含了每個分類中的一部分，而不是全部，所以醫生很難評估它。

缺乏明確的類別，是公司必須克服的債務。在這種情況下，每一通銷售電話都會非常的長——首先，公司必須解釋這三種分類的情況。接著，公司必須解釋為什麼它不一樣。最後，Startup Bravo把重點放在單一分類上，即使它只包含其產品的一個部分。雖然這種方式不是以產品該有的價值來銷售它，但潛在客戶都能理解，因此這是交談的切入點。一旦該公司奠定關係，就能擴大客戶對更完整產品的理解。

產品不屬於明確且公認的類別並不是無法克服的。只是需要更多的時間、精力以及投資。尤其是需要募集適當的資金來支付市場教育。教育市場是一個緩慢的過程，所以它是一間新創公司可能必須接受的債務，也是必須有計畫逐步減輕的債務。

導航計畫：找到一個跟你產品很接近的公認的類別，並找出定義它的特性。然後，說明你的產品的好處勝過這些特性，因此它優於競爭對手。

差異化不夠好

屬於知名類別的力量在於，客戶會自動認為這項產品跟類別中的所有產品具有相同特性。行銷人稱這些特性為**類同點**（points of parity）。

請記住，我們曾為零食建立以下類同點：

- 很快的被吃掉
- 美味
- 滿足飢餓感
- 愉快的飲食體驗

這表示當一種新的零食進入市場時，公司不必花費行銷資源來教育人們關於零食具備這四種特性的事實。公司只需要專注於產品的差異之處。行銷人稱這些特點為POD。

為了競爭，公司需要有一個簡單且明確的理由，說明為什麼它更好。一個有效的POD不只要與眾不同；它對客戶來說也必須要很重要。最後，客戶必須要有辦法驗證這項產品是獨一無二且更好的。

Clif Bar 身為一間新創公司，曾在它的參考架構上面臨真正的挑戰。創辦人蓋瑞・艾瑞克森會帶著他的營養棒去當地的運動賽事，讓運動員品嘗看看。當他們問這是什麼，他會說「一根營養棒」。不出所料的回應是：「不了，我不喜歡營養棒。」好消息是，他們認識這個參考架構；壞消息是，他們不喜歡眼前的選擇，而且對此參考架構有不好的聯想。不過幸運的是，這種看法也為艾瑞克森的 POD 打開了一扇門——味道因為更有益健康的成分而變得更好。

讓我們回顧一下 Soylent。它的行銷訊息已經包含下列所有內容：

- 食品重新格式化
- 完整的營養
- 成就解鎖
- 對你、對地球都更好

這些訊息都沒有清楚的說出，為什麼 Soylent 比同類型的其他所有產品更好。客戶說不出 Soylent 比其他零食或正餐更好的原因，更不用提這些原因對他們來說是否很重要。新創公司必須要輕易的讓客戶知道，客戶為什麼要選擇它們。Soylent 肯定是有趣的產品，但它在市場上將會面臨持續的挑戰，除非它可以很快的說出，它屬於什麼類別，以及它與其他替代產品的區分是什麼。

讓我們來看看在美國占主導地位的洗衣劑 Tide，來當作對比。Tide 是去汙鬥士，它保證能去除你衣服上的汙漬。如果你的衣服弄髒了或沾到汙漬，Tide 就是為你而生的。它的特色非常簡單、明確。Tide 在擁擠的市場中，贏得將近40%的洗衣劑市場占有率。

快速瀏覽一下列出新創公司的名錄，像是 Crunchbase、AngelList 以及 StartBase，你會發現很少有新創公司可以快速、簡單的說出，它們比競爭對手做得更好的一件事是什麼。如果你不能說出為什麼你更好，那麼客戶又怎麼會知道呢？

許多新創公司擔心，變得過於具體會讓它們的吸引力下降。它們害怕潛在客戶會在決策過程中，早早就把它們排除在外。但正是因為有焦點，才讓 POD 的尋找變得更容易。新創公司應該跟目標客戶交談，以了解他們是如何做出產品的選擇。在決策框架中了解產品如何超越競爭對手，能定出良好的 POD。

下面是一些發展成熟的領域，能讓你思考有效的 POD：

- 這項產品有什麼特別優異的優勢嗎？想一想 FedEx 在二十四小時內交貨的例子。
- 你是否比其他人更快或更有效率呢？想想 Jimmy John's 推出「異常快的」三明治。

- 有更多的變化嗎？想想 Baskin-Robbins 的三十一種口味冰淇淋。
- 它是最方便的嗎？回憶一下亞馬遜的送貨服務。
- 它是最便宜的嗎？試想沃爾瑪永遠最低價的廣告標語。
- 它是最好的客戶服務嗎？想想星巴克的客製化服務。

這些訊息會與目標客戶產生連結。隨著目標擴大，PODs 也會跟著擴大。[50]

導航計畫：一開始新創公司應該要縮小範圍並且聚焦。讓對的客戶可以輕易了解產品的功能。

訊息使用不一致

想以特定 POD 聞名，就需要長時間傳達一致的訊息。像可口可樂與 Tide 這種大型知名品牌，都了解這點。不過，對新創公司來說，要保持一致似乎更困難。首先，新創公司往往不太清楚它們是否具備正確的 POD。它們會試用一個 POD 一段時間，但如果它沒有受到市場的歡迎，它們就會**戰略轉向**。這樣的戰略轉向會產生不一致的債務——有些潛在客戶會認為這項產品的功能是這一樣，而其他人會覺得它的功能是另一樣。

有一間 SaaS 新創公司 Startup Charlie，在三年內花了幾百萬美元，舉辦各式各樣的**干擾**

式行銷（outbound marketing）——商展、網路研討會，電子郵件等。在這段時間裡，它用五種不同的方式來描述它的POD。它也建立了一個資料庫，裡面約有八萬位潛在客戶舉手想獲得更多訊息。這個潛在客戶名單的數量真的很驚人。然而，由於這些人是在聽到五種不同的PODs後舉起手的，所以很難知道如何同等的向所有人推廣。於是這間新創公司不得不花更多的時間與金錢，去釐清這些潛在客戶名單中哪些是依然可望成功的，然後重新定位他們的興趣。

發生這種不一致的情況的第二種方式，是在各種訊息上——在網站上強調一種POD，在會議上談論另一種，在新創公司名錄上講的又完全是另一種POD。這種不一致的情況會自然而然的發生，因為不同的人在不同的時間創造這些消息。

大品牌創造一致性的某種方式是，透過所謂的**品牌手冊**。品牌手冊是一套做品牌的指導方針，它具體說明有關產品的行銷訊息應該說些什麼以及該如何說。大品牌通常也會有溝通的核准流程。許多新創公司會下放它們的決策權，也許更靈活、反應更快速，但代價是某個時間點和整段時間內消息的不一致性。

導航計畫：要解決銷售人員廣告訊息不一致的一種方法是，安排「投售日」讓銷售人員報告他們最好的銷售簡報。接著，選出一份最好的簡報，讓其他人跟著採用。不一致可能會再次悄悄的出現，但至少新創公司已經向大家表明，它希望每個人使用一種訊息。

讓我們更詳細的回到提供 SaaS 定價工具的新創公司 Licensario。即使它失敗了，它的公司簡介資訊仍出現在不同的新創公司名錄上。這些名錄之間部分存在一致性，因為它們與定價、優化定價、以及帳單問題有關。除此之外，並不清楚讓 Licensario 與眾不同、比別人更好的地方是什麼：

- **AngelList**：SaaS 企業的最終定價工具。
- **Crunchbase**：幫助 SaaS 企業優化它們的定價方案、提高轉換率、以及最大化收入。
- **Gust**：適合 SaaS 企業的最靈活的創造收入解決方案，能優化定價與提高轉換率。
- **Start-Up Nation Finder (illist.co)**：能夠幫助 ISVs 與 SaaS 企業，建立靈活的定價模式與銷售其產品的一種技術。
- **StartBase**：SaaS 公司的智能寄帳單流程。（簡介上以四句話來解釋這是什麼意思。）
- **StartUpers**：一種雲端基礎的解決方案，為其他 SaaS 公司解決痛苦的寄帳單過程。（簡介上以兩句話來解釋這是什麼意思。）

注意！如果一間新創公司對外發布的公司簡介資訊不一致，那就暗指存在兩種的可能問題。一種是，創辦人還沒有真正了解公司的POD是什麼。另一種是，沒有能專業管理公司形象的人。即使是快速發展的新創公司，也應該專業的管理自己的品牌。

一間新創公司必須更加具一致性，它的客戶、投資者、以及市場才會知道它在做什麼。每當新創公司用不同的話來描述自己，或進行戰略轉向時，都會為它帶來行銷債務。雖然它正在建立像是品牌知名度和潛在客戶資料庫等資產，但它會無法充分利用這些資產，因為潛在客戶會認為公司在做另一件不同的事。

導航計畫：選擇一個POD堅持下去，是能夠把這種債務降到最低的方式。當然，這需要對客戶的需求與競爭對手的產品有深入的了解，接著是進行早期廣告訊息測試，以便專注於最佳POD，最後，是確保出現在所有廣告訊息裡的POD是一致的。

總之，定位過程可能會為新創公司帶來債務。它們需要盡快確定最能描述它們產品的現有類別是哪個，以便客戶有參考架構可以評估它們的產品。接著，它們需要找出自己跟競爭對手存在差異的獨特之處。最後，它們需要在媒體與消費者之間，一致傳遞這個POD的訊息。沒有明確的市場類別能當作參考架構、差異化不夠好以及訊息傳遞不一致，這些都會隨著時間的累積，逐漸削弱公司在市場上受歡迎的程度，並且產生讓新創公司在行銷之洋裡倒閉的債務冰山。

戰術海

一旦新創公司選擇了一個市場區隔，並為自己定位以吸引這個市場區隔，它還必須想清楚如何兌現那些承諾。這些戰術選擇——三個客戶區隔需要三種不同訊息——為鐵達尼號帶來了一些產品設計的挑戰。為了提供頭等艙乘客最好的奢侈享受，白星航運需要更寬敞的甲板空間和二層樓的餐廳。這沒問題：它們減少救生艇的數量來騰出空間。如果船真的不會沉，那這也沒什麼大不了。不幸的是，它並非不會沉，因此減少救生艇數量是個大問題。

白星航運必須有能力為頭等艙乘客提供美酒佳餚，同時把三等艙乘客的成本降到最低。為了能夠為不同市場區隔提供不同的體驗，鐵達尼號用了鐵柵欄——金屬門——讓不同艙等的乘客在船上的不同區域。這在日常運作的情況下可能沒問題，但如果發生突發事件時，在道義上就會令人無法接受。有些鐵柵欄在沉船的過程中仍保持被鎖上的狀態，困住了三等艙的乘客。事實證明，在受到威脅的情況下，要處理緊急情況並注意到打開鐵柵欄，這樣的細節在操作上是有困難的。最終，61%的頭等艙乘客存活下來，但只有24%的三等艙乘客活下來。別忘了，三等艙乘客的數量是頭等艙乘客的兩倍。最後，白星航運沒有對任何乘客履行其承諾，但卻在無意間對三等艙乘客造成不成比例的傷害。

鐵達尼號在戰術執行上引來的另一個債務與事實有關，雖然「最大的船」是易於溝通的POD，但它也讓船的轉彎變慢。在廣闊的海中，轉彎慢不一定是個問題，但如果你即將要遇上一個靜止不動的物體，轉彎慢就會是真正的阻礙。甚至在鐵達尼號第一次離開碼頭時，它因為規模造成的靈活性不足，讓它只差兩英尺不到就要撞上另一艘船。最終，這些行銷承諾也為產品設計帶來挑戰，而這樣的挑戰進一步導致鐵達尼號的沉沒，和悲痛的生命損失。

一般而言，行銷人員會認為市場區隔與定位是行銷策略活動。一旦有了這些行銷策略計畫，新創公司還是要透過戰術來執行這些策略。

客戶價值無效

在一次又一次的研究中發現，新創公司失敗是主要原因是，它們沒有提供更能滿足客戶需求的新東西。[51]這個因素也是新產品會失敗的最大預測因子。[52]「更能滿足需求」之所以重要，是因為人們往往以一致的方式行事。他們需要足夠的誘因，才能改變一直以來對他們有效的東西。舉例來說，學術研究人員預估，一般家庭不會改變他們所購買的大約一五〇種產品，這些占他們在超市裡購買的所有東西約85%。要讓他們改變這種行為需要有更好的誘因——更多的好處、更好的價格、或者更方便的使用。只要當前的行為不會產生太多痛點，客戶就不會費心去改變。

這也就是為什麼，Strategyzer 廣受歡迎的**商業模式圖（Business Model Canvas）**[53]的第一步，就是去找出客戶的痛點。這是源自暢銷書作家艾瑞克．萊斯（Eric Ries）、史蒂夫．布蘭克（Steve Blank），以及其他人所發展並倡導的**精實創業**方法。在精實創業的方式中，重點是要「走出辦公室」（我們會在第五章更詳細討論），在開發產品之前廣泛的對潛在客戶與用戶進行訪談。它能讓客戶更容易接受可以解決他們現有痛苦的東西，因此新創公司需要搞清楚它們潛在客戶現有的痛苦是什麼。當潛在客戶意識到他們有需求，他們可能已經對能解決這個問題的方案感興趣了。

潛在用戶可能正在積極的尋找新的解決方案，但也可能沒有。如果他們已經在尋找，這對新創公司來說很好。這表示潛在客戶會去注意那些，能讓他們認識解決方案的推廣活動。但是，即使潛在客戶沒有積極的尋找解決辦法，他們也會認出並回應推廣活動。另一方面，潛在客戶可能會忽略那些，談論能解決他們認為自己所沒有的問題的推廣活動。即使受眾與你的推廣活動有往來，但他們可能不會受到激勵，因為他們不認為這與他們有關。如果產品能解決人們已經察覺到的問題，新創公司會輕鬆許多。

班・考夫曼（Ben Kaufman）所創立的新創公司 Quirky[54]，最終失敗的原因之一是：未能滿足沒被實現的需求。Quirky 因為提供一項有趣的服務——一個發明平台——而募集到一・八五億美元的資金。人們可以提交自己的原創發明，並且擁有途徑可以把這些發明推到市場上。Quirky 獲得許多提交到平台上的內容——每週從超過五十萬用戶身上收到幾千個提交。Quirky 會投票選出哪些是好發明，然後 Quirky 會做出「獲勝」的發明並銷售它們。

不幸的是，事實證明，很酷的發明並沒有足夠大的市場，像是給狗用的噴泉式飲水機、APP 操控的雞蛋托盤，以及消除淋浴引起的水蒸氣的浴室鏡。這些都是很酷的發明，但他們並沒有解決人們真的願意花錢來解決的痛點。同時，創造出原型並努力實現新產品的生產量，需要花很多錢。最終，Quirky 沒辦法讓財務有效的運作。

讓我們回顧一下 Startup Bravo 當作另一個例子。它藉由為醫療服務提供者提供全面性的溝通系統，橫跨三種參考架構。不幸的是，對醫療服務提供者來說，這不是他們在資訊科技改善方面會優先處理的痛點。有少數早期用戶認為整個溝通系統很棒，但大部分的用戶認為，這是他們「明年」會考慮的一個創新的選擇。如果這間新創公司專注於，醫療服務提供者認為值得花「今年的」的預算問題上，它就能獲得更大、更廣泛的成功。專注於這個痛點，代表只推廣其產品的一部分。這個痛點的解決方案是為了**先進入市場，再擴張**——先創造誘餌吸引新客戶，一旦它成功跨出第一步，再來擴大它的產品供應。

不幸的是，創業界裡有許多新創公司，都跟 Quirky 和 Startup Bravo 一樣有著相同的問題。舉例來說，歐洲新創公司 Rate My Speech 創辦人歐提拉・史蓋提（Attila Szigeti）[55]發現，很多人都希望自己的演講變得更厲害。但他們不願意上傳他們演講的影片，好讓其他人發表評論並幫助他們改進。在另一個例子中，安東尼・曼寧・富蘭克林（Anthony Manning-Franklin）希望他的澳洲新創公司 Gigger[56]，能夠幫助樂團找到它們需要的人才，並且幫助它們更容易預訂場地。這間公司試圖成為「樂團的 Airbnb」。曼寧・富蘭克林發現，利用人脈來獲得演出的現有系統已經運作得夠好，樂團會把自己列在 Gigger 上，但實際上不會透過 APP 來預定演出。他們只會在 Gigger 上面看看機會，然後直接去找演出者。沒有直接預定演出，Gigger 就得不到任何報酬。

新創公司不能只解決問題。他們需要解決的是客戶關心的、想解決的、願意付錢解決的問題。否則，它們造成的戰術債務會大到無法收拾。

注意！新創公司必須了解「必備的」與「有也不錯的」之間的差異。客戶在尋找的是「必備的」；「有也不錯的」通常沒有解決值得付錢的痛點。

價格與價值不相稱

新創公司必須提供市場需要的東西，然後它必須讓客戶為這樣東西買單。對新創公司與大公司來說，定價是最難的其中一項決定。價格太低就沒辦法獲得夠多的利潤，代表你放棄了賺錢的機會；價格太高就無法獲得夠多的客戶，或者無法受到市場歡迎。此外，很多人會把價格視為品質的指標。對於這些人來說，定價太低就表示你提供的產品不值錢。目標市場願意付錢的東西是什麼？這是個很難回答的問題。

一般而言，年輕公司會根據成本設定價格（假設它們已經算出它們的成本），或是根據競爭對手的產品設定價格。如果新創公司的定價沒有高於成本，那麼它的未來就注定要失敗，所以它必須確保自己了解成本。了解競爭對手也是個好主意。不過，如果能提供比競爭對手的產品更有價值的產品，那麼價格就應該反映其高於競爭者價格的價值。行銷人員稱這種方法為**價值導向定價法**。[57]

導航計畫：客戶也許不會願意將產品創造的所有價值付給製造商。大多數新創公司最終會跟客戶分享附加價值。要意識到，新創公司不可能第一次就得到正確的定價。定價過高和定價過低都會產生債務。管理這些債務，並且有策略性、有意的進行定價實驗，是限制由此產生問題的關鍵。

新創公司需要從回答它們潛在客戶的問題開始：

- 潛在客戶對於提供的產品有什麼看法？
- 與競爭對手的產品或現有的解決方案相比，這些改善的價值有多少？
- 他們認為哪些特色是「籌碼」——也就是說，一項產品必須提供哪些特色，客戶才會考慮它？
- 哪些是值得多付錢的部分？

雖然市場調查可以回答上面的一些問題，但密切觀察客戶的購買可能性，是一種更好的方式。例如，以免費與付費試驗來進行實驗，可以讓新創公司知道，潛在客戶是否願意接受「付費模式」。

BitShuva Radio[58]是其中一間未能正確讓定價與價值相符的例子。這間新創公司是意外成立的。創辦人猶大．希曼谷（Judah Himango）希望可以在網路上聽彌賽亞猶太音樂，所以他自己寫了一款APP。他在部落格上分享他是怎麼做的，突然間人們開始請他為他們自己喜愛的音樂類型，寫一個客製化的程式——奈及利亞、埃及科普特基督教的聖歌等。

好消息是，這是個目標明確的**利基市場**（**niche**，或客戶區隔），產品也能解決這個市場知道自己所擁有的痛點；壞消息是，他不知道該如何定價這項產品。他從七十五美元開始定價，然後逐步提高價格，直到人們開始說：「不，那價格太高了。」他明白了他的市場如何評價他所提供的產品，但僅限於第一筆支付的費用。有些持續存在的服務需求，是顧客們不會很興奮想為此付費的。最後，這個小生意占用創辦人太多的「免費」時間，卻沒讓他得到報酬，所以，他關閉諮詢業務。現在，BitShuva Radio只播放音樂。

Homejoy[59]是另一間因為定價（部分原因）而導致失敗的新創公司。創辦人艾朵拉（Adora）與艾倫．張（Aaron Cheung）希望Homejoy藉由為清潔工和需要清潔工幫忙打掃房子的人建立連結，成為「居家清潔業的 Uber」。這是一個很好的參考架構解釋。

在他們試著擴大規模的同時，也募集到四千萬美元的資金。然後，他們使用了 Groupon 的策略，以每次清潔費為十九．九九美元來吸引新客戶。他們吸引到的是愛撿便宜的消費者，他們不認為打掃他們的房子應有那樣的價值，所以他們沒有成為回頭客。於是 Homejoy 改變它的推廣方式，接近那些在尋找好的房屋清潔工的人。這樣的改變有助於降低獲取客戶的成本。最終，Homejoy 無法為每一次的清潔工作收取足夠的費用，以支付它本身的費用加上清潔工的服務費。新創公司必須能以高於成本的價格生存。確切的說，Homejoy 還承擔其他導致它倒閉的隱性債務。不過，最初進入市場的低價策略，是它無法解決的一項債務。

導航計畫：新創公司能用來最大化銷售的一種戰術性定價方法，就是**經常性收入**。有了經常性收入，一個購買的瞬間就會變成一個營收來源。新創公司不是在每一次的活動中賣東西給每一位客戶，而是藉由分散客戶一段時間內的購買行為，把客戶變成營收來源——這就是訂閱模式背後的代表性概念。與其在人們每次有需要的時候就訂一箱，人們更願意在一段時間內分幾次連續的購買。對客戶的好處是，他們可以一直擁有他們想要的產品。對新創公司的好處則是，因為它有一系列保證能獲得的購買。經常性收入可以提供更多長期的機會。

導航計畫：第二種定價方法是動態定價，反映購買物的時間價值。當需求較高的時候，賣家就收取較多的價格。當需求較低的時候，賣家就收取較少的價格。動態定價的典型範例就是租車費用、早鳥晚餐特價、博物館或娛樂表演在繁忙時段的額外收費定價。找出客戶在什麼時候會更重視產品的提供。在需求較低的時段提供折扣，以增加需求。更多新創公司應該思考，什麼時候要對它們的產品收取附加價格，以及什麼時候該打折來刺激購買。

銷售流程無法規模化

從你家後院或者朋友、同事、或熟人中，找到一開始的客戶是一回事。在橫跨半個國家或世界，賣東西給數百名或數千名陌生人，是個更大的挑戰。從創辦人的人脈獲得前五位付費客戶，顯然是非常重要的。然而，真正的成功是在，創辦人真的不認識的第一位客戶購買產品的時候。

有些新創公司是讓客戶在網路上註冊，且不需要由行銷人員直接進行銷售。更常見的情況是，新創公司需要對它的銷售模式進行微調，才能將潛在客戶轉換成付費客戶。這種銷售挑戰皆適用於B2B和B2C新創公司。有些人可能會認為，只有B2B新創公司才有銷售團隊的挑戰。然而，如同許多B2C新創公司的消費者一樣，需要有人在購買過程中幫助他們。有些B2C新創公司可能也會假定，消費者會在網路上進行購買。因此，即使客戶沒有在網路上購買，它們也需要為承載更多銷售的方式做準備。

第一步應該是尋求**通路合作夥伴**。通路合作夥伴是銷售、配送，以及為其他公司生產的產品提供服務的機構。對B2C公司來說，這些通路合作夥伴通常是零售商與批發商。對B2B來說，就像是**採購團體**（**buying group**，獲得批量折扣的團購社團），**加值型經銷商**（**value-added resellers**，簡稱VARs），以及製造商代表。新創公司必須思考誰可以接觸到它的目標客戶群，然後想辦法跟這些合作夥伴合作，以獲得這些客戶。一次銷售一個產品給個別客戶，既費力又耗時。新創公司沒有那麼多時間。通路合作夥伴不僅能接觸到客戶，而且也許能在成交過程中提供幫助。

當然，在合作關係中，合作夥伴會因為幫忙賣產品而獲得一些獎勵。它們會降低獲利能力。千詩碧可蠟燭公司的創辦人徐梅，很早就意識到她想透過零售商來賣產品。她鎖定的第一個零售商是Bloomingdale's——你應該還記得，Bloomingdale's是徐梅在紐約工作時，經常光顧的那間百貨公司。她就是在那裡發現，居家百貨公司的時尚前衛品牌存在缺口。然而，由於千詩碧可蠟燭公司想提供時尚、但人們買得起的居家用品，因此Target是比Bloomingdale's更符合邏輯的合作夥伴。

同樣的，Instacart的創辦人阿柏瓦．梅塔很快就發現，一次吸收一個消費者是漫長且痛苦的任務。於是梅塔把目標轉移到零售商身上，讓Instacart為零售商現有的客戶推出一項新服務。因此，Instacart的銷售流程變得可規模化。

一旦潛在客戶變成潛在客戶名單，下一步就是沿著**銷售漏斗**（**sales funnel**，參見方框）把他們轉變成客戶。銷售漏斗能描述把潛在客戶轉變成實際客戶的過程。漏斗中的步驟，可能會根據行業、品牌，以及目標市場區隔而有很大的不同。新創公司需要確定它們的漏斗是什麼樣子，並且衡量潛在客戶名單如何通過漏斗的每一個階段轉變。

行銷與銷售漏斗

行銷人員發現，客戶在了解一項產品到最終成為消費者的過程中，通常會經歷不同的階段。左圖呈現的是典型的漏斗。

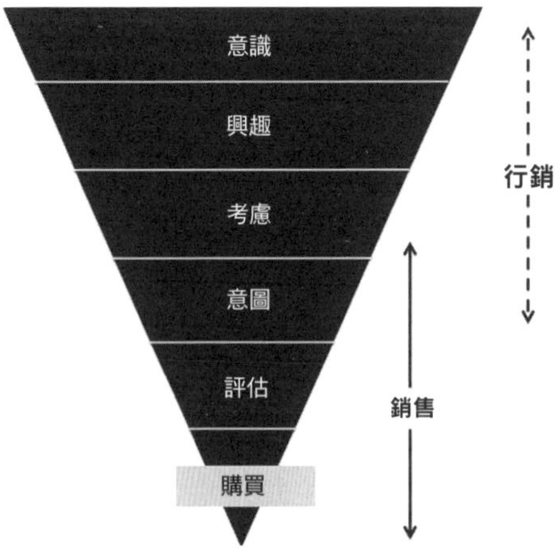

首先，新創公司需要了解潛在客戶的決策步驟。接著，新創公司需要方法，讓潛在客戶通過每一階段。如果每一千個潛在客戶中有一位客戶會成交，這代表新創公司必須使用大量的推廣活動，吸引比它所需的客戶多一千倍的潛在客戶到漏斗的頂端。這是一個需要克服的巨大債務。但是，如果新創公司可以提高它的轉換率，到每一百個潛在客戶能成交一個、每五十個潛在客戶能成交一個，或更驚人的，每十個潛在客戶能成交一個，那麼新創公司就能以更少的推廣費用，獲得更多的付費客戶。找到一個能擴大潛在客戶，且能有效的把他們轉換成客戶的可重複銷售流程，是新創公司最重要的優先事項。

我們認識一間創業加速器公司（accelerator），它建立的一條規則是，在創辦人直接銷售產品給至少五位客戶之前，它是不會為新創公司提供資金的。這間創業加速器希望創辦人去證明，他們了解自己創造的東西的價值，且親身了解銷售流程。如果銷售流程是好的，新創公司在創業加速器的幫忙之下，能讓這個銷售流程重複運作。

缺乏可重複的銷售流程，是Outbox的創辦人蘇克蒂·阿加瓦爾（Sukriti Agarwal）與卡沙爾·莫迪（Kaushal Modi）[60]失敗的因素之一。這間新創公司提供接收信件並將其數位化的服務，這樣人們就不用以紙張處理信件。Outbox建立了候補名單，這是個很好的方式，可以看看市場是否有興趣。當這項服務推出時，大約10%的候補名單申請這項服務。這不算很差的轉換率，但也不是很好的轉換率。然而，當Outbox的候補名單用完的時候，它卻不知道該如何預測新的潛在客戶的產生或讓他們成交。沒有新客戶就代表沒有未來，因此Outbox沒能在可規模化的挑戰下生存下來。

最後，增加銷售人員是一項昂貴的行為。我們認識的一位連續創業家建議，你必須增加三位銷售人員，因為一位會是很好的，一位會是很差的，一位則是可接受的。如果每位銷售人員每年總成本平均為二十萬美元，三人就代表每年要支付六十萬美元的費用（包含佣金）。即使新創公司只讓這三位銷售人員待幾個月，每個月也仍會燒掉五萬美元。相反的，大多數新創公司會在它們負擔得起的情況下，才增加銷售人員。這代表取決於現金流的能力與規模的隨機組合。同樣的，新創公司會因為不能最大化在它們面前的機會，而產生負債。

導航計畫：銷售領域的行銷債務，會發生於完全依賴於直接銷售的方法，無論這個方法只是一個網站，或是實際的銷售人員。第一個目標是要找到合作夥伴，以加速銷售流程。此外，大多數新創公司也需要銷售人員來幫忙完成交易。因此，你必須了解理想的銷售流程，並且制定計畫增加銷售代表，以負擔得起的方式管理銷售流程。否則，這裡所產生的債務，會讓你無法快速發展，努力完成可規模化的銷售流程也會白費功夫。

推廣計畫不完整

最後，同樣重要的一點是，客戶需要有方法能得知公司的產品。就像銷售方面的債務，新創公司在推廣方面所承擔的債務，通常是以預算為基礎。大部分的新創公司會在它們可以負擔得起的時候，增加它們的推廣投資（請注意，我們把推廣視為「投資」而非「費用」）。

推廣活動包含推廣公司與其產品的所有相關行銷內容，如下列所示：

- 廣告——包含集客式（inbound）與干擾式（outbound）
- 活動與論壇
- 數位行銷
- 公關
- 電子郵件行銷
- 促銷活動或打折

集客式行銷或**集客式廣告**，是大多數新創公司嘗試的第一種推廣方式。集客式是指設法吸引那些已經透過部落格、搜尋引擎、社群媒體，在網路上尋找你的產品解決方案的人。他們發現你在網路上的內容非常有趣，然後到你的網站瀏覽。另一方面，**干擾式行銷**或**干擾式廣告**則是依賴傳統媒體廣告，幫助潛在客戶意識到，他們擁有的問題是你的解決方案可以解決的問題。

從集客式行銷開始的邏輯是很有力的，它的實際成本通常比較低，因為它著重於吸引已經在網路上搜尋產品的人。接著，新創公司可以提供各種各樣的內容（主要是透過網站），來吸引人，建立關係，並順利銷售出產品。比起花預算，這種方法需要花更多的時間與精力，而且它仍需要一些基礎才能成功。

導航計畫：此處教你如何著手集客式行銷。首先，新創公司需要一個真正的網站，而不只是臉書或 LinkedIn 上的公司專頁。社群媒體是不錯的，因為它們基本上免費，但網站應該要是集客式行銷工作的中心。投資一個好網站是值得的。至少，網站應該要對能反映公司定位與價值主張的關鍵字，進行搜尋引擎優化（SEO），以幫助搜尋者找到產品。最好的作法是，為網站建立一個部落格和獲得潛在客戶名單的方式，像是註冊表。客戶關係管理（CRM）工具有助於行銷自動化，把潛在客戶轉變成潛在客戶名單，然後再變成成交的客戶。一個好的網站還可以有許多其他的附屬功能，多到此處無法詳細列舉。

大多數新創公司發現，只藉由集客式行銷沒辦法獲得足夠的潛在客戶名單。由於一開始的品牌知名度非常低，最有效的推廣手段是干擾式行銷——我們會傾向於考慮傳統廣告。因此，新創公司也應該有干擾式行銷的預算。這個預算必須要夠大才能**突破**（**break through**）——在競爭的廣告中夠突出——並得到目標客戶的注意力。

注意！很多新創公司的執行長如果沒看到立竿見影的成果，就會擔心他們的行銷職員對新創公司的廣告工作（無論是集客式或干擾式）管理不善。說句公道話，新創公司的總支出非常少，因此很難馬上「做出明顯的改變」。初期獲取客戶的成本可能會很高，知名度的成長會很緩慢。但經過一段時間後，此成本應該可以藉由規模經濟與效益提升來降低，新創公司也可以實現投資在廣告上的報酬。

在開始推廣之前，新創公司需要知道目標客戶從哪裡得到它們的訊息。回答下面關於目標受眾的幾個問題，是能夠確定要在哪裡投放廣告的好方法：

- 如果他們有看雜誌的話，他們會看什麼雜誌？
- 他們會在什麼網站上看新聞？
- 他們會在推特、LinkedIn 或臉書上活動嗎？

- 他們會參加商展和活動嗎？
- 哪些有影響力的人能吸引他們的注意力？

上述所有工作的目標，是確定潛在客戶，讓他們舉手，然後著手把他們變成潛在客戶名單。完成銷售行為可能還需要銷售人員的協助，但新創公司需要知道它們的客戶從哪裡獲得新產品的資訊，這樣它們才知道要去哪裡把潛在客戶引入漏斗。

殺死 Kinly 的行銷冰山正是推廣的戰術執行，這間公司是前面提到的「家庭臉書」的服務提供者。為了讓家庭下載並使用 Kinly，它需要大量的推廣預算來接觸日常消費者。GoKart Labs 從內部為 Kinly 提供資金。Kinly 從來沒有接受投資者的資金，這表示它的預算非常小。它獲得一個能下載與使用這個 APP 的少量家庭人脈，但這些為數不多的家庭並不足以維持營運。Kinly 需要數百萬美元，才能將這個 APP 完全配售到它的目標市場。Kinly 非但沒有解決資金問題，反而還忽視這個問題。最終，沒有預算能用來進行有意義的客戶獲取，公司不得不關門大吉。

新創公司的資金提供通常比較拮据。新創公司會把大部分的資金，適當的投到開發產品中。擁有一個有用且能為客戶帶來附加價值的產品，是非常重要的，一個很棒的產品是很容易推廣的；如果是不好的產品，再多的推廣活動也救不了。優先事項是把產品做好，這是合理的。但是，客戶還是要有辦法得知這項產品。不幸的是，就算你製作了產品，他們通常還是不會來。當新創公司沒有制定有效的計畫來推廣自己的產品時，它們可能招來促使它們倒閉的債務。這筆資金或許可以等到產品完成之後才到位，但除了臉書專頁之外，還需要有一個為推廣活動提供資金的計畫。

在許多新創公司中，行銷是對產品設計的一種事後想法。就其本身而言，這種方式會產生之後會為公司帶來挑戰的行銷債務。即使在初期，行銷功能也要充當客戶的擁護者，將產品開發與客戶的需求連結在一起。

請注意，我們使用的措詞是「行銷功能」。新創公司不一定要聘請全職行銷職員來實現行銷功能。不過，需要確保公司創始團隊有人在考慮這些行銷議題：

- 我們的目標客戶是誰？我們如何排定客戶區隔的優先順序，做為不同階段的目標？
- 在這些目標客戶的心目中，這款產品屬於什麼類別？
- 這些目標客戶真正想從這類產品中得到什麼？
- 我們該如何比競爭對手更好的把客戶的痛點降到最低？
- 我們如何用根據客戶從產品獲得的價值來定價的價格，將這款產品送到客戶的手中？
- 我們如何透過適當的定價來建立該價值？

- 我們能在哪裡找到這些客戶，並引導他們進入購買流程？
- 我們是否有資金能向這些客戶推廣產品，並與他們完成銷售？

綜上所述，在行銷之洋中，新創公司需要成功橫渡的債務冰山相當多。接下來，我們將提供一些指導，告訴你如何找到這些冰山，並且有效的避開它們。

橫渡行銷債務

此時，似乎每一個與銷售和行銷相關的決策，都會帶來某些需要克服的債務類型。創辦人如何在推動新創公司前進的同時，不形成會讓公司倒閉的行銷債務冰山呢？第一步是擁抱實驗的心態。想事先知道什麼能運作的最好是很難的。新創公司需要習慣於確定關鍵假設與測試它們的過程，同時要分辨出它們可能產生的潛在隱性債務。

其次，創辦人需要了解，銷售與行銷在創業的成功中，都發揮著同樣重要的作用。[61] 在新企業中，會傾向於把銷售功能——獲得一些客戶的註冊——的優先順序擺在行銷功能之前。事實上，銷售重點與行銷重點之間的優先順序，以及策略規畫與戰術執行之間的優先順序，都是需要反覆修改的。本質上，行銷的一個重要作用就是賦予銷售功能。下面兩張圖表強調新企業在不同發展階段安排優先順序的一種方法。

分階段進行實驗

在人力之洋一章中，我們曾提出新公司的四個主要階段：未創造收入階段、MVP（最小可行產品）階段、產品上市與早期成長階段，以及產品與商業模式規模化階段。

在最早的階段（即未創造收入階段），銷售與行銷必須把重點放在策略規畫。在這個階段，行銷功能是深入探究客戶的需求：

- 他們如何看待當前的產品？
- 他們還有什麼痛點？
- 誰是最佳目標市場區隔（因為他們有這些需求，而且已經在尋找解決方案）？
- 這個市場的潛在客戶區隔是什麼？
- 他們使用什麼標準來評估這些產品？
- 他們使用什麼樣的過程來尋找和評估替代品？

這個階段的目標是發展一個最佳目標客戶的假設、一個既獨特又有激勵作用的POD，以及了解產品特色可以帶來什麼價值。

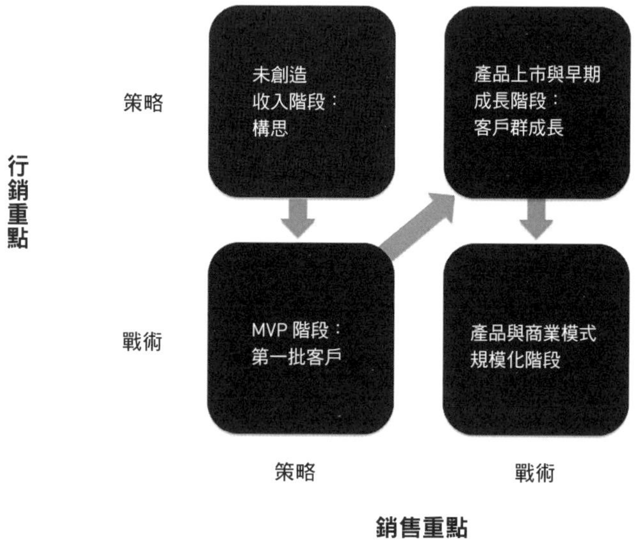

分階段的企業銷售 vs. 行銷重點

在下一個階段，新公司應該具備MVP，並且開始尋找初期客戶。MVP是客戶願意付錢的一套最低限度的功能。如果產品開發進展得順利，此時新創公司會制定進入市場的行銷策略作為起點。接著，有了行銷提供的支持，重點會漸漸轉移到銷售上。行銷在戰術上仍扮演著重要的角色，開始打造品牌知名度，以產生潛在客戶與潛在客戶名單。然而，這些活動必須有助於釐清銷售流程。最初的那些假設，現階段需要被測試。在此階段，行銷功能應該是測試消息：

- 價值驅動因素是否驅使潛在客戶舉起他們的手？
- 哪些廣告訊息更具激勵作用？

- 這些早期目標客戶從哪裡獲得他們的訊息？
- 哪些媒體看起來更有效果？

行銷必須與銷售攜手發問下列問題，以釐清銷售流程是什麼：

- 新創公司是否確定了最佳目標市場區隔？
- 什麼能有助於加速、或減少通過銷售與行銷漏斗的過程？

現在，是時候了解如何讓銷售與行銷規模化和重複進行了。如果第一個目標市場區隔的反應沒有預期中的熱烈，那麼現在也是時候思考改善目標市場區隔了。或者，新創公司可能需要提升產品，使其優於最低可行性。新公司需要確保它依然比競爭對手提供更多價值。

在第三階段（產品上市與早期成長），行銷重點又回到策略規畫。這時候要利用到目前為止的市場經驗，定下產品開發計畫，包括階段性發表的新特色（更多詳細內容請參閱第五章）、一開始的目標市場區隔、定價模型、關鍵廣告訊息（包含POD），以及最好的推廣方法。網站與CRM資料庫也應該準備就緒。跟通路合作夥伴更密切合作的發展計畫是當務之急。

此外，應該要有關於使用哪些集客式與干擾式工具的計畫。這些在現階段都是更有效的假設，但這些假設仍需要不斷的測試，也需要進一步完善計畫。下一個階段的需求是全力以赴的執行。因此，新創公司應該建立最大限度的假設，做為前進的運作模式。

在第四階段，企業應該把重點轉移到規模化的實現。重點主要是銷售與行銷兩者的戰術執行。當然，還是有調整策略計畫的餘地，但在現金流允許的情況下，重點應放在盡可能充分的執行策略。採用這個方法不能保證新創公司不會產生行銷債務——也許這是不可能的。即便如此，明確的方法還是有助於減少行銷債務，也有助於提供機制以減輕不可避免的行銷債務。

做更多的市場調查

新創公司需要考慮市場調查方面的投資，這在它們的早期生命階段會是更為嚴謹的投資。初期，要花的錢很多，而資金卻很少，以至於市場驗證調查不是沒有做，就是做得不好。為了了解客戶認為此產品屬於哪一類別，並探究客戶制定決策的過程，一個理想的市場調查計畫應包含質化研究。新創公司應該藉由更多的質化研究（很可能是經由調查）來驗證這些見解，以了解產品是否真的具有市場潛力。最後，更多的質化研究能深入探討量化研究階段出現的問題。

許多新創公司都匆忙的完成這個研究過程。它們沒有進行嚴謹的研究，而是詢問了一

未創造收入階段：創意發想	**MVP 階段：**第一批客戶	**產品上市與早期成長階段：**客戶群成長	**產品與商業模式規模化階段：**指數型成長
• 深入了解客戶需求與競爭者的產品 • 評估區隔市場的不同方法 • 探索客戶的價值主張	• 選定特定、小範圍的目標市場區隔 • 制定銷售流程 • 測試其它行銷訊息	• 使用待辦清單設定產品特色 • 確定要進入的市場區隔 • 設定進入價格 • 確定關鍵廣告訊息 • 測試其他推廣替代方案	• 定下銷售與行銷流程 • 確定定價方法 • 制定可靠的推廣計畫 • 確保有足夠的預算可以執行計畫

新創公司各發展階段的重要行銷與銷售活動

些知道自己怎麼看待這個創業點子的人。然後，如果它們去做某種調查，它們會使用朋友和家人這種方便的樣本。這些朋友和家人可能在相關的目標市場，也可能根本不在相關的目標市場。結果是即使這個創業點子產生的價值可能不足以彌補成本，新創公司還是可以得到能證實它有好點子的意見回饋。

在過去十年裡，市場調查的成本已經下降了。良好的數據沒有創辦人想像的那麼昂貴。接觸當地大學會是個好方法，它們通常有一些課程，可以把調查視為專案承接，或者它們可能會有一個研究小組，以合理的成本進行外部研究。或者，為B2C產品在臉書上刊登廣告，看看哪些訊息能產生共鳴，這也並不貴。關鍵是，要為計畫輸入客觀的數據資料。

新創公司成功的故事，通常都會描述創辦人早期有多麼努力去了解客戶的需求：

- 海崔克帶著他初期的TRX產品，參加他每週舉辦的「流動性盛事」，他邀請當地的運動員試用這些產品，並幫助他開發健身產品，以換取他們最喜愛的美酒。他利用他們的回饋修改產品。
- 艾瑞克森把他的早期的Clif Bar營養棒帶到體育賽事，分送出數百份，然後要求他們提供回饋。
- TOMS創辦人布雷克・麥考斯基（Blake Mycoskie）帶了一袋初期的鞋子產品到洛杉磯，讓女性朋友主辦團體活動，讓女性參加者試穿鞋子，並且直接與他分享自己的想法，說她們喜歡還是不喜歡。
- 千詩碧可因為客戶的意見回饋成為一間蠟燭公司。徐梅和她的共同創辦人王勇很清楚他們想提供時尚的居家產品。然而，他們不知道該為美國市場提供什麼樣的產品。為了找到答案，他們帶了六種不同的產品去參加禮品展。當他們發現他們收到的訂單超過90%都是時尚蠟燭時，他們便有了滿足市場需求的想法。單這個活動就為他們賺到五十萬美元的訂單。於是他們成立千詩碧可蠟燭公司，來滿足與擴大這項產品供應。

- 傑比亞藉由出租自己的空床位，創立 Airbnb。當平台被開發出來，Airbnb 有第一批房屋出租名單時，他對訂房率之低感到很失望。他意識到自己需要以客戶的眼光來看待公司。於是他到處拜訪早期名單上的出租者，然後像房客一樣查看他們的房子。他與這些出租者並肩合作，對他們出租的房子進行徹底的檢修，以更好的展示這些房子，並創造更多的可靠性。結果訂房增加了，客戶關係也變得更好了。

如果一間新創公司能有創意的思考如何得到客戶意見，那麼它就會有辦法獲得客戶的意見。

請記住，我們已經介紹過，如何透過積極的銷售與行銷功能去解決行銷債務。我們不會把功能跟特定雇用混為一談。對某些新創公司來說，全職雇用擁有這些技能的員工是有道理的。對其他新創公司來說，創辦人本身可能具備這些技能；對另外一些新創公司來說，它們可以外包這些技能。這個決定與人力方面（員工海）的隱性債務重疊。是什麼樣的員工把這種思維帶進新創公司，並不重要。重要的是，有人從一開始就有意規畫銷售與行銷。你不能只是創造出一個有趣的產品，就假定新創公司會成功。需要仔細、具體的行銷策略規畫，才能有助於成功。

鐵達尼號確實找到一些客戶感興趣的新鮮事——亦即從歐洲到美國的最豪華郵輪。它在管理傳遞給兩個地區多個目標區隔的消息上，也做得相當不錯。不過，總體而言，它沒有滿足客戶最重要的需求——安全的抵達大西洋的彼岸。船上只有超過30%的人活下來。當鐵達尼號承擔明顯導致它滅亡的大量人力與**技術債務**時，它同時也承擔行銷債務，這項債務不僅助長它的沉船——還增加傷亡人數。雖然行銷債務是不可避免的，但若能善加管理它，處女航沉船的可能性還是能降到最低。

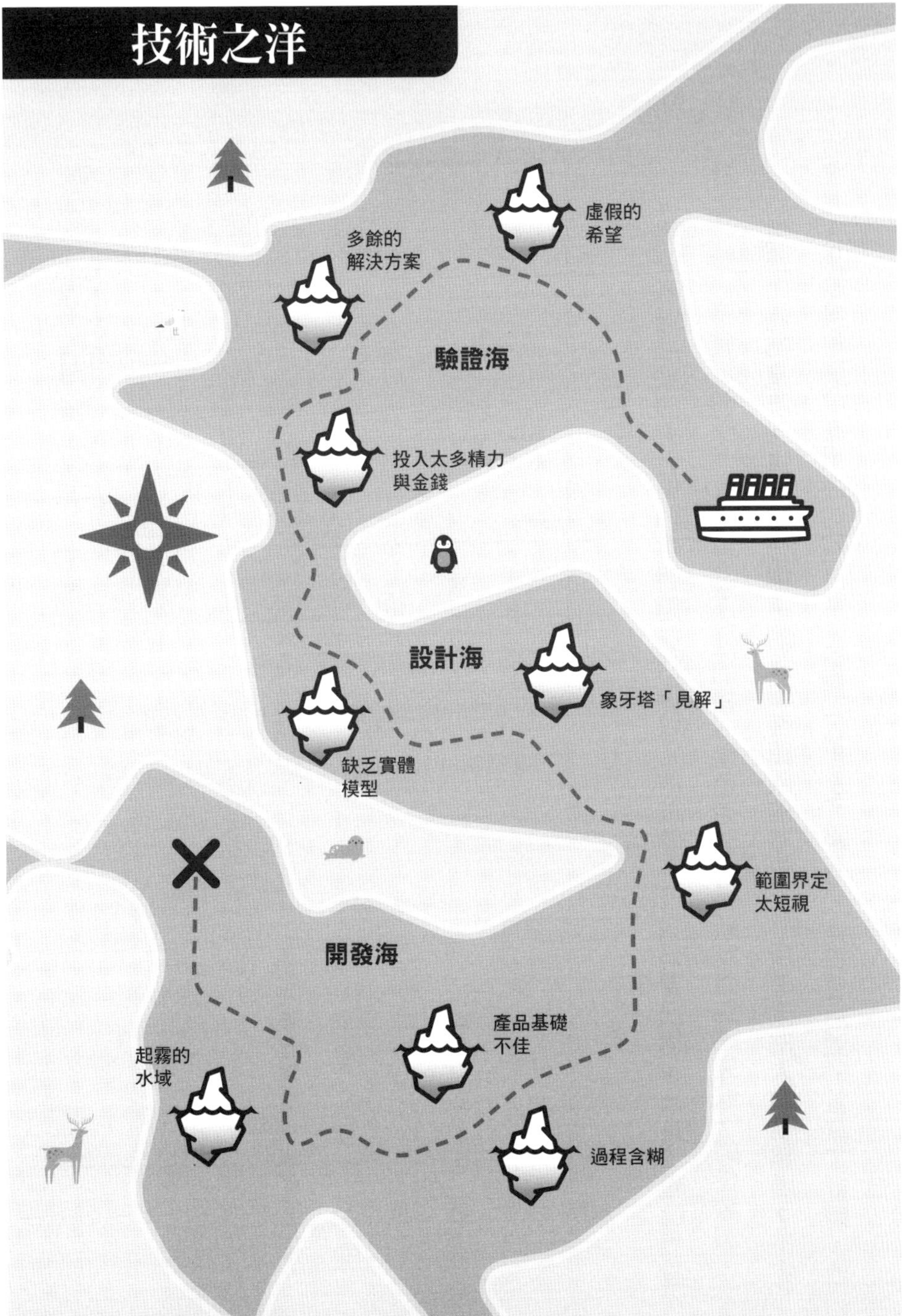
技術之洋
多餘的
解決方案
虛假的
希望
驗證海
投入太多精力
與金錢
設計海
象牙塔「見解」
缺乏實體
模型
範圍界定
太短視
開發海
產品基礎
不佳
起霧的
水域
過程含糊

第五章
技術之洋

「如果造船的藝術在木材裡，那麼船本質上是存在的。」

——亞里斯多德（Aristotle）

「用沙子做的城堡，最後也會塌陷在海裡。」

——吉米．罕醉克斯（Jimi Hendrix）

儘管鐵達尼號的人力與行銷問題顯然導致它的沉船，但我們要記得，正是工程師們設計出一艘「不會沉的船」，最後又永久性的把「鐵達尼號」重新定義為「失敗」的代名詞。

這些工程師是誰？這是不合標準的員工在錯誤的職位上，所造成的人力債務嗎？不完全是。來自英格蘭坎布里亞的約瑟夫．貝爾（Joseph Bell），是鐵達尼號的首席工程師。他在一八八五年加入白星航運，曾在一些船上任職。一八九一年，當時貝爾年僅三十歲，白星航運任命他為科普特號（*Coptic*）的首席機械工程師。成功完成這項工程後，他繼續領導奧林匹克號的設計，也就是跟鐵達尼號同期開始建造的船。貝爾協助奧林匹克號的首次出航，後來又接下鐵達尼號的工程。身為鐵達尼號的首席工程師，他在那個對未來影響重大的夜晚，當接到「撤退」（返回）的指令時，他正在船上的機艙室指揮。不幸的是，他收到指令時已經太遲了。無論貝爾和他的團隊怎麼做，船都要沉了。他為了試圖為乘客爭取疏散時間，於是留下來操控引擎，直到它們爆炸。最終，部分原因是他的團隊技術不足，他和船長、其他船員，以及乘客跟著船一起沉入海底。

當白星航運決定要讓鐵達尼號成為海上最大、最豪華的船時，它就有許多需要克服的工程與設計挑戰。打算建造有史以來最大的三艘船，且同時間建造其中兩艘，讓白星航運面臨的挑戰更為嚴峻。最後，鐵達尼號因為她的豪華房間，成為三艘船中最重的。為了讓鐵達尼號順利下水，並順利完成她的處女航，白星航運需要完成以下所有任務：

- 建造兩間有維修設備的造船廠，以應付船的高度與深度
- 提升相對較新的鋼焊接技術
- 發展一個推進系統，包含多個反向往復式（reciprocating）蒸汽引擎，以驅動控制螺

旋槳的低壓渦輪機

- **設計這些引擎，以求最大化動力的輸出，同時最小化燃料的消耗**
- **建造一個內部發電站，以維持整艘船的電力**
- **設計新的方法來管理船身的漏洞或破裂，好讓船不會沉**

從產品開發的角度來看，工程師們要做很多的工作才能做好。

技術之洋的債務冰山，在以軟體為導向的產品上是最容易分辨的。我們在本章節中的許多討論，都會提到軟體開發的特殊挑戰，這類概念同樣適用於物理、生物科技，以及其他具有高度技術開發成分的產品。因此，我們發現這些概念不僅適用於軟體開發員，也適用於產品工程師。

我們必須承認，開發新產品絕對不是容易的事。本章節的目標是提出問題，幫助**新創公司**避免被**技術債務**所淹沒。沃德·坎寧安（Ward Cunningham）在一九九二年創造「技術債」一詞，[62]用來形容一開始就抱持著「快，但是髒」的心態，而不是「第一次就把事情做好」的心態來開發專案。對新創公司來說，這句話描述的場景就是，一項技術開發專案依賴於非常不穩固、「趕快搞定，否則我們公司就完了」的架構，以至於每一個新產品的變動，都會引起一連串的漏洞與問題。

有時候，工程師會因為技術上的懶惰，或是不知道如何為免不了要改變的新創公司建立夠靈活的基礎，而受到譴責。不過，工程師也經常因為未能察覺創業家認為理所當然的技術需求，承受不公平的指責。當船長帶著舷外引擎出現在竹筏上，然後不敢相信工程師居然不明白「只需漂浮在水面上的竹筏」的最初需求也包含「時速六十英里！」，這樣對工程師來說根本是不公平的指責。

儘管民間傳說與流行故事與此相反，但成功的創業不應該依賴於技術上譁眾取寵的愚蠢行為。現代航海家都知道生存的最佳方式是，不要一開始就遇上債務冰山。要橫渡技術之洋中不同的海，從來就不是直線的旅程。

歡迎來到凶險、可怕的技術之洋。跟我們已經航行過的其他海洋一樣，技術之洋包含三個海：

- **驗證海**——建造符合要求的船
- **設計海**——標出合適的航線
- **開發海**——堅持到底

驗證海

建造鐵達尼號的過程，跟大多數新產品的製造過程一樣，都始於許多假設之上。大部分的假設都是很普遍且無傷大雅的，譬如假設人們想氣派的旅行，而且能迅速抵達目的地。早在幾年前，白星航運就已經以類似奧林匹克號的船驗證了上述假設。然而，其他假設還沒有得到驗證——特別是那些涉及規模與安全性的假設。

舉例來說，設計團隊假設船長總是有充足的時間能繞過冰山，所以完全避開冰山會是一個選項。設計團隊在設計這艘船時，沒有考慮到擦撞的可能性。除了預先警告的次數，避開冰山也取決於船隻轉彎的半徑範圍與靈敏度。不幸的是，直到距離撞上冰山大約剩三十秒時，船員們才發現冰山。大型船隻和蒸汽驅動轉向的機械裝置，至少需要比那還多的時間來掌舵，更別說轉彎或回轉。沒有機會可以避免碰撞。

其次，當冰山劃破不只一節船艙，而是至少六節船艙時，船開始以比預期還快的速度進水。新設計要求保持十六節橫向船艙不透水，它做到了。但不幸的是，受損的六節船艙造成船隻傾斜，導致水在船艙之間流動，進而越過艙壁的頂部，然後流進沒有受損的船艙裡。流動的水導致船頭下沉，使船隻的背部被舉起，連同引擎與螺旋槳被舉起浮出水面。

中間的壓力導致鐵達尼號被撕成三塊。工程師們原本希望新的防水船艙可以讓鐵達尼號在受損的情況下，漂浮在水上好幾天。事實是新的防水船艙充滿了水，使得它們下沉的速度變得更快。如果鐵達尼號的工程師有驗證過他們的假設，並且思考到擦撞和船隻傾斜的情況，這個故事的結局可能就會不同了。

新構想不會憑空出現。要取得成功，一個新產品的構想就必須在每個開發階段得到驗證。新創公司需要了解它的產品與市場的全貌：客戶購買這個新產品的原因是什麼？為了滿足這些原因，產品或服務需要包含什麼？如果新創公司沒有不斷的問這些問題，它勢必會駛離航線。

驗證是確保你正在製造的產品，能實際解決客戶感受到的痛點的早期步驟。有時候我們稱之為「**產品市場契合度**」。[63]驗證海上面的冰山跟行銷之洋裡的客戶價值無效冰山有關，它們是這個債務冰山在技術上與產品上的一面，可以把這兩面視為產品市場契合度的陰與陽。

保加利亞創業家依法羅．坎布奇亞夫（Ivaylo Kalburdzhiev）在創辦新創公司 KOLOS 之後，從慘痛的教訓中學會驗證債務冰山。

他喜歡玩電腦賽車遊戲，因此想製作一個新的配件。他的點子是為人們開發一款配件，供人們在平板電腦上玩賽車遊戲時使用。這個配件會把平板電腦夾在方向盤中間，這麼一來玩家就可以擁有更真實的駕駛體驗。市場上已經存在類似的裝置，是把智慧型手機變成方向盤，而坎布奇亞夫認為平板電腦自然是下一個階段。

他做了競爭者研究，不出所料，在平板電腦上沒有競爭的產品。坎布奇亞夫在得到客戶的回饋之前，他就借了一筆貸款，然後開始建立原型。在花光第一筆貸款並加入一間創業加速器幫忙之後，他發起兩個群眾募資活動——Indiegogo與Kickstarter——但兩個都失敗了。

最後，他發現，人們一致認同平板電腦方向盤是個很酷的想法——只是沒有人想花錢去買。這整個概念對人們來說是「有也不錯」。但它並沒有解決人們願意為它付錢的實際問題。如果坎布奇亞夫在設計之初就已經獲得客戶的負面回饋，他或許就能為自己省下五萬美元和三年的努力。[64]

虛假的希望

創辦人熱衷於創辦一間公司，就如同每一位船長開始一段新的航程。在這個階段，很容易讓興奮推動新創公司往前走。創業家需要警惕無意間陷入虛假的希望。陷入這種狀態當中，可能會讓創辦人在考慮客戶的需要與想要時，依據假設去開發產品，而不是依據經過驗證的事實。

創業家很容易懷有虛假的希望。我們的社會將創辦人視為創造就業機會和改變世界的英雄。父母、同事，甚至是陌生人，自然都想支持他們，鼓勵他們的創造力。只要看幾集《創業鯊魚幫》（*Shark Tank*）節目就能發現——大部分的創業家從來沒有聽過別人說過，他們的點子不好。

現在許多創業教育資源都建議新創公司，要向潛在客戶驗證它們的解決方案。創辦人非常熱愛「解決方案」，他們會全心投入去開發它，因此這個解決方案是他們想跟潛在客戶討論的第一個東西。不幸的是，向客戶提供手上現有的解決方案，往往會讓創業家無法收集到與問題有關的最關鍵的資訊。相反的，新創公司應該在直接與潛在客戶交談和制定解決方案之前，就先提出這些問題：

- 當前是否存在問題？
- 客戶是否意識到這個問題？
- 處理這個問題是否很重要？
- 當前是否存在有效或「夠好」的解決方案？

當新創公司去找客戶討論一個客戶還沒發現的問題時，那麼這種只是尋求意見回饋的過程，會造成這個問題在客戶的腦海中，某種程度上會反映創辦人的思考方式。像這樣影響客戶對問題的思考，自然會讓客戶的意見回饋產生偏誤。

要獲得可信的意見，創辦人需要花大量的初期時間去探究問題的背景，並了解人們目前如何解決這個問題。這個過程需要投入時間，但能讓你獲得寶貴的洞察，不只是問題的看法與實際的重要性，也包含現有的解決方案。虛假的希望通常會在跳過此步驟的不成熟假設中生長出來。

在仔細了解問題後，接下來就是取得客戶對提出的解決方案的意見回饋。通常在一開始時，創辦人只想聽正面回饋。這也許能維護他們的自尊心，但這對產品開發沒有幫助。相反的，創辦人需要問人們，他們不清楚的地方是什麼，他們不喜歡產品的哪一方面，以及什麼原因會讓他們放下產品不再使用。新創公司應該在繼續開發產品之前，先消除其產品引起的問題所帶來的任何痛點。

Tesla的共同創辦人伊隆．馬斯克（Elon Musk）強烈提倡要尋求負面回饋。事實上，當他的朋友購買他的產品時，他要求朋友不要告訴自己，他們喜歡什麼，而是著重於他們不喜歡什麼。

導航計畫：把解決方案藏起來，直到你對討論這個問題已經筋疲力盡。請尋求負面的意見回饋。創業家最好的朋友是故意唱反調的人，向那些願意說出誠實評論的人進行推銷。

俗話說：「如果你需要建議，就去要錢；如果你需要錢，就去尋求建議。」為了避免碰到虛假的希望這個債務冰山，創業家必須知道不同的基本原理——在獲得正面回饋並開發出潛在客戶滿意的原型後，他們會徵求一份（無法律約束力的）購買意向書。接著，就能開始收集到真正的回饋了！即使是不具法律約束力，在某個文件上簽下你的姓名也是一種承諾的方式，而大部分的人都會想要信守他們的承諾。要求潛在客戶簽一份協議，能誘發出完全不同的一套思考方式，你可能會發現反應開始變成，「哦！嗯，我的意思是這款產品對於跟我一樣的其他人來說很好。但我不會真的去買它，因為……」

注意！如果新創公司有很多「很棒的對話」與潛在客戶名單，那就要求新創公司從潛在客戶那裡獲得意向書，包含建議的價格。

導航計畫：如果你的新創公司一開始有很好的銷售會議，但後來在銷售漏斗中間停滯不前，那麼你可能會發現，是因為你太早向潛在客戶展示解決方案了。關鍵是先了解潛在客戶的問題，並確保解決方案適合他們。

讓我們再看一個例子，確保「問題真的存在」是重要的第一步。Startup Delta（我們使用虛構的名稱以保護這位創業家）的創業者相信客戶會喜歡他的「大致上適用」的產品，定價為每個月十四・九九美元。因為不敢肯定是否有人會無論任何價格都想要這項產品，於是，他向朋友和家人尋求與實際問題相關的回饋。

一個星期後，他帶回好消息！有二十位朋友與家人都表示，他們會購買這項產品。大概一、兩個說「可能」，但其他人都說會買。網路搜尋顯示有一項競爭產品，這項產品解決大約創業家提出的80％問題，每個月只需要四・九九美元。雖然我們無畏的創業家沒有被這個競爭對手嚇到，但他不情願的認同，他的客戶可能會買比較便宜的產品來解決他們的問題。於是，他回到他的潛在客戶那找答案。

幾個星期後，他回來了，他承認在曾經表示會買他的產品的二十位朋友與家人當中，沒有任何一人表示他們會買這款競爭產品，即使價格只有他的解決方案的三分之一。如果不是他的解決方案提供的比競爭者少的功能，是他們決定是否購買的決定性因素，那就是他詢問的那二十個人，其實沒有不惜一切解決問題的需求。因此他們只是告訴他，他們會買他的產品，以支持他的創業夢想。

經過簡短的討論後，他終於承認，他的產品優勢不如競爭者，可能不足以說服人們購買，尤其是以三倍價格購買。這種誠實的驗證是很難的——它可能會帶來壞消息，但它可以阻止一艘從一開始就注定會沉的船啟航。

有些新創公司會利用參加**群眾募資活動**的方式，驗證市場對其產品的興趣。群眾募資活動可以讓新創公司，向那些或許想為產品的開發作出貢獻的人介紹產品。如果產品介紹沒辦法激起用戶的興趣，那麼這項產品就不會得到他們的資助。在解決問題、確定特色、以及制定價格方面，這種方法是測試市場的好方法。然而，成功的群眾募資可能會在開發海中產生屬於它的債務冰山。關於這項挑戰的更多細節，請參見下頁方框。

邁向成功的 Kickstarter 募資活動？

Kickstarter 是最受歡迎、最受認可的產品與「獎賞」的群眾募資平台。不過，研究顯示，在 Kickstarter 募資最高的計畫中，有高達84%的被資助者，沒有依據一開始的時間表提供承諾的商品。[65] 此外，有9%的 Kickstarter 計畫根本沒有提供資助者獎賞。[66] 事實證明，實際開發產品然後把它交到資助者手上的難度，比許多創業家所預期的還要困難，通常都是因為技術債務。造成這些延遲的原因包含以下幾點：

- **製造上的障礙**：傑克．布朗斯坦（Jake Bronstein）創立一間新公司 Flint and Tinder，提供美國製造的男性內褲。他預期可以銷售出三千件，所以買了相應數量的鬆緊帶。驚人的是，他賣出了兩萬三千件內褲。這表示他需要更多的供應量。但不幸的是，鬆緊帶製造商還需要幾個月的時間，才能生產出那麼多的鬆緊帶。這種延遲和製造過程中的其他問題，使他的成本提高了。結果，他在這項產品上並沒有賺到錢。[67] 最後 Flint and Tinder 賣給 Huckberry，這個品牌現在也還在，但如果能避免技術債務，也許就能為布朗斯坦帶來更好的結果！

- **設計規格改變**：歐亞．楊．康斯（Haje Jan Kamps）分享，當他的相機遙控快門設備 Triggertrap Ada 開始開發時，設計規格發生大幅的改變。他發起 Kickstarter 活動（也制定其價格），假定該設備會使用較低階的微處理器。隨著設計過程的進行，他發現他需要更貴的微處理器，這個微處理器更大而且有不同功能。因為新的微處理器需重新設計，導致時間與成本的延誤。[68] 當然，這個改變也需要更多的「工具」——製造部分這個裝置需要金屬固定裝置和零件。這些規格上的改變，造成啟動與持續的成本高於預期。這表示價格會高很多。投資者不願意支持更高的價格，因此活動失敗，公司也倒閉了。
- **小量製造的高成本**：許多群眾募資活動會對成本做出假設。然而，有時候大量製造的每單位成本會比小量製造的低很多。在活動達到目標後，可以發現生產少量產品（譬如三千單位，而不是三十萬單位）卻花更高的單位成本的情況，這並不少見。許多群眾募資活動最後的結局都是，開始要嶄露頭角的創業家不得不用自己的資金來完成生產。他們實際上都因為提供產品而賠錢。

- **運輸上的挑戰**：群眾募資活動發起人親切的把這種情況稱為「運輸末日」。即使生產順利，運輸的後勤工作仍然很複雜——從決定使用哪間運輸公司、挑選包裝材料、包裝盒子、印標籤、到分類和出貨給運輸公司。當你賣出兩萬三千件而不是三千件商品時，運輸的挑戰就會成比例擴大。

多餘的解決方案

驗證問題與初步設想的解決方案還不夠，新創公司仍然不知道這個產品是否必要。要探討的令人心煩的問題是，**為什麼是現在？**為什麼還沒有人解決這個問題？答案通常不太會是「之前從來沒有人想過」。甚至更重要的是，通常是你會發現，有其他人以類似的解決方案嘗試解決相同的問題——然後失敗了。他們的失敗可能表示他們不是好的創業者，但更有可能的是，這是個難以解決的問題，或者這個問題沒有解決的必要。新創公司應該努力學習前人付出鮮血、汗水，以及淚水（還有金錢）所學到的東西。

導航計畫：檢查你的構想的歷史、供給、需求以及市場驗證。利用歷史和過去試圖創造的類似產品，幫你了解並驗證現在是創立你的新創公司的好時機。這個解決方案現在是否是必要的？

數量驚人的創業者回顧他們失敗的創業，並總結他們從失敗中所學到的事。如果你能從過去的創辦人那找到一篇「這就是我失敗的原因」的文章，你就可以經常驗證那些你可能需要花好幾個月、好幾萬才能驗證的假設。

導航計畫：請查看一些彙整這些失敗故事的列表：productgraveyard.com、startupgraveyard.io、autopsy.io。新創公司可以藉由密切關注 CBInsights.com 來進行事後檢討分析，蒐集事後檢討名單。

一旦新創公司回答「為什麼是現在」這個問題，接下來就可以開始思考市場競爭。市場不會停滯不前，客戶與競爭者也會不斷進化與改變。了解市場和競爭者，並持續更新變化情況，對一間公司的成功來說至關重要。我們很容易傾向於觀察幾個最大的競爭對手，並把焦點放在它們身上。然而，沒有任何產品、服務、或公司是太小或技術含量太低，而可以忽視的。市場目前所使用的任何東西，都可以成為——也應該被視為——競爭者。

許多新創公司都堅信「沒有人在做我們正在做的事！」不過，如果這間新創公司解決的問題是真正的問題，那麼客戶已經在以某種形式或方式解決它。競爭不只包含類似的解決方案；競爭包含了所有替代的問題解決方案，其中的解決方案也包括可怕的「忽略它！」沒有直接的競爭者，不代表間接競爭者不存在。

導航計畫：當你在跟潛在客戶進行訪談，做到驗證問題的部分時，請一定要問：「你目前如何處理這個問題？」（最好還能觀察他們解決問題。）也許參與者根本就沒有解決這個問題，或者他們使用非常簡單的工具，比如試算表或筆記型電腦，而不是APP或軟體。看看這些所有選項，並了解留著問題不解決會有什麼可能的影響。

這裡還有一些很棒的後續問題：「你目前的解決方案，是你所知道的最好的一個嗎？或者有沒有更好的解決方案呢？如果有更好的解決方案，你不去購買或使用這個替代方案的原因是什麼？」

投入太多精力與金錢

開始製造產品的時候，有些創辦人可能會掉進想在1.0版本就開發所有特色的陷阱。創辦人可能會開始在設計與製造出完整的產品上砸錢，這個錯誤會浪費時間，也浪費能讓新創公司更有效利用在其他地方的錢。

當創辦人在為新創公司設計基礎與內容時，勢必會遇到分歧與**不確定性**。常見的例子包含下列幾點：

- APP需要有登入功能嗎？
- 用戶會用右手還是左手拿手機呢？
- 多大算是太大？
- 哪項特色更重要：輕薄還是容量？

A／B測試（A/B testing）是解決設計中的衝突的常見方法。雖然A／B測試是嚴謹且有效的，但它也可能是進行設計選擇中最昂貴的方式，也可能被過度使用。

在驗證階段，新創公司可以透過成果思考和讓客戶提供回饋——深入思考的實驗——來進行更便宜的分析，而不是在功能性的小產品上花太多錢。深入思考的實驗會考慮A和B兩種結果，然後選擇具有更好或更可衡量的結果。有時候，新創公司與工程師可以在十五分鐘內達成協議，然而Ａ／Ｂ測試則可能要耗費十五天和相當多的資源。即使深入思考的實驗沒有得到答案，它通常也會暴露問題的可測試部分，進而縮短或改善Ａ／Ｂ測試的有效性。新創公司應該只在測試結果的差異，能證明時間與金錢的投資合理的時候，才考慮使用Ａ／Ｂ測試。

導航計畫：嘗試在Ａ／Ｂ測試中說出兩種選項，比較兩種構想的結果。有了一些想法與見解，你也許就能做出正確的決定，不必進行實體測試並收集結果。可以選擇性的用客戶進行Ａ／Ｂ測試來當成設計的一部分，不是驗證。

Ａ／Ｂ測試

Ａ／Ｂ測試，亦稱為分流測試（split testing）或群組測試（bucket testing），是指在兩種變數之間進行實驗，觀察哪一個變數表現更好。這些變數可能是兩種不同的產品特性、兩種不同的形狀、兩種不同的顏色、兩種不同的網頁、兩種不同的顯示內容、或是在電子郵件裡的兩個不同主題——你懂我的意思。

你甚至可以利用Ａ／Ｂ測試去挑選兩種可供選擇的方式。例如，當你夏天外出時，讓家裡的恆溫裝置保持在低溫，是否會比關掉空調更省錢？在測量能源消耗的時候，試試這兩種替代方案，這需要在不同房子、不同的戶外溫度下進行幾天的實驗，才算是個嚴謹的測試過程。所以，首先要確保你正在測試的替代方案是值得做的測試。接著，決定正確的效能指標。最後，依據指標公正的測試每一個可供選擇的方案，選擇表現較好的方案繼續前進。

最佳作法是，對你正在測試的事進行假設。在我們的例子中，假設可能是「關掉空調可以節省更多錢，因為讓家裡變涼所使用的能源，會比讓家裡持續保持涼爽更少。」測試一項假設可以讓新創公司了解，在不同情況下哪些事情更重要的事實。接著新創公司可以利用這個新知識產生新的假設，然後進行更多的實驗。A／B測試的價值包含在不確定情況下尋找答案，以及了解市場的需求與喜好。

A／B測試可以提供更強而有力的見解，但它們很耗時，也可能很花錢。新創公司必須在正確的發展階段，適當的使用A／B測試，才能獲得最好的回報。

注意！要小心那些規劃並執行無數次A／B測試的新創公司。

驗證也可以得到額外的好處。藉由驗證，Airbnb的喬．傑比亞與布萊恩．切斯基了解到，在他們網站上提供住宿的人的關鍵痛點是，知道如何推銷他們的房子。因此，Airbnb在平台上建立功能，以便長時間收集與分享最佳典範。Instacart的阿柏瓦．梅塔從早期的驗證學會為他的「顧客」提供工具，好讓他們的工作更有效率。顧客需要商店的地圖與指南，以加快找到清單上的商品，所以在ＡＰＰ裡建立這些東西可以提高顧客滿意度。驗證性的研究不只可以限制虛假的希望、多餘的解決方案，以及投入太多精力與金錢——它還可以產生見解，讓你對問題有更深入的了解，並帶來額外的ＰＯＤ。

設計海

許多學者認為，如果在鐵達尼號上工作的工程師，在設計這艘大船的期間內沒有犯下粗心的錯誤，那麼碰撞事故可能沒那麼致命性。設計工作交給亞歷山大·蒙哥馬利·卡萊爾（Alexander Montgomery Carlisle）與鐵達尼號工程的首席工程師貝爾。貝爾和他的團隊面臨著很大的問題。這種規模與複雜性的船需要最前端的技術。但可供學習的外部知識與經驗卻很少。

這個團隊花了三年的時間，貝爾法斯特打造鐵達尼號，並吹噓他們的技術能設計出一艘有防水船艙與電子閘門系統的船，讓這艘船幾乎「不會沉」。很自然的，人們對於這個假設都感到放心與興奮，因為那些可能讓船沉到海底的冰山，經常困擾著橫渡北大西洋的旅程。當時的想法是，如果有一座龐大的冰山把船戳破了，那麼船艙會密封起來，鐵達尼號就能安全的靠岸。「錯誤的證明！」工程師們可能會這樣宣布。

鐵達尼號上有十六個「防水」船艙。這艘船可以在最多四個船艙進水的情況下，依然浮在海上。這些船艙受到艙壁的保護，艙壁是船艙之間的防水牆。這個理論是，在撕裂的情況下，這些牆能夠阻擋水進入。然而，牆壁並沒有延伸到天花板，這是鐵達尼號關鍵的設計缺陷。所以只有當船保持水平狀態時，船艙才能防水。鐵達尼號撞上冰山後水湧進船裡，水填滿前面的船艙，它的重量造成船艙傾斜，使海水從牆的頂端溢出——這是鐵達尼號的工程師沒有考慮到的事。這讓船被更多水填滿，也加速沉船的過程。

規模 vs. 速度的物理學

物理學與競爭，能幫助我們了解為什麼白星航運將它在一八八〇年代末期的差異化，從速度轉變成規模。競爭對手皇后郵輪公司正在挑戰白星航運的速度。在船速變得更快的同時，動力需求也會呈指數成長。時速超過二十節（約每小時二十三英里），增量成本與動力需求的成長會遠高於速度的提升。由於利潤——或缺乏利潤——已經成為白星航運關注的問題，因此它改成以規模和豪華當作它的競爭優勢。這種轉變對船隻的設計與開發，帶來意料之外的結果。

白星航運在設計上遇到的問題是福祿數（Froude number）。福祿數是一個比率，是指船隻以其長度的平方根的速度行駛。行駛中的船，在船頭會產生波峰，在船尾會產生波谷。當船身越長，船頭的波峰也會越長。這種波浪的作用如同一道有阻力的牆。因此船需要充足的動力，才能通過它所產生的阻力曲線的波峰。這也成為白星航運必須解決的工程問題——為鐵達尼號提供動力，以通過其阻力曲線。

要預測一項設計的所有可能結果是很難的。然而，設計的重要組成部分，就是必須去設想無法想像的事。實際使用上，設計可能失敗，或者不能滿足客戶需求的會是什麼？

此時，新創公司已經從最初的驗證過程中，得到一些可靠的事實與客戶的意見。現在，是時候停止一些不斷的想像，並且在走向無法回頭的路之前，解決構想的設計參數問題了。

不幸的是，這個過程會產生其債務冰山。

缺乏實體模型

設計是產品成功（和最終變現）的關鍵。等等，這句不算，重來一次——好的設計是成功的關鍵。現在是要確定打造什麼內容的前期工作。下一步才是原型與測試。

新創公司能設計出一款可以解決問題的產品嗎？要做到這一點，新創公司必須把這些構想變成現實。必須把構想畫在紙上——設計方案、線框圖以及草圖——或製作成原型。這些全部都是產品內容的藍圖，尤其是線框圖。新創公司必須制定藍圖，才能讓每個人在開發產品的同時，都能了解產品。有些實體產品的原型可能會有不少膠帶、保麗龍、或海報板。粗略的原型或實體模型是一種集思廣益、獲得回饋，以及讓每個人有相同想法的有效方式。

想想開發第一台腳踏車的過程。以驗證為基礎，客戶可能已經了解基本構想，並且鼓勵創辦人開發早期的初步版本來測試。做為回饋，新創公司可能會選擇做出有兩個車輪、單速，以及以踏板驅動車輪的MVP。這可能是進入市場，進一步獲得回饋的最小可行路徑。太好了！不過，藉由在採取昂貴步驟之前呈現出實體模型或原型，創始團隊可能已經了解，沒有人會對一輛沒有地方可坐（座墊）、沒有讓腳踏車停下的方式（剎車）的腳踏車感興趣。

原型或草圖能帶來額外不可或缺的見解，以便獲得真正的MVP——並在此過程中避免一些意外。

導航計畫：**新創公司應該避免直接從餐巾紙上的概念變成MVP。實體模型或線框圖是重要的中間步驟。**

在軟體世界裡，即使產品是最小可行的，創辦人也常會急於做出開發完全與有技術支援的產品。完整開發軟體產品的最佳捷徑是建立超輕薄的前端與手動的後端——對潛在客戶來說它就像是軟體，但它的背後是一個活生生的人在執行許多功能，通常會輔以現成的軟體工具。可以把它看成是一個「低解析度」的初步解決方案。

雖然這看似是乏味且緩慢的前期工作，但這是能讓新創公司釐清如何讓產品成功的方式。它可以讓你以極小的代價（除了努力），增加和減少特色與優勢。這種努力可以阻止你開發不必要的特色，讓你在時間與金錢上獲得好幾倍的回報。此外，新創公司可以在更少的反覆改良之下，開發必要的特色。對於其他類型的產品來說，這也許會是個具有最小或沒有實際功能的3D原型。它看起來像規劃中的產品，但不見得能運作。

徐梅在決定要推出哪種居家設計產品時，也做過這樣的實驗。她不是先想辦法全面生產多種產品，而是拿了五種不同產品的一些樣品，然後在禮品展上試著銷售這些樣品。蠟燭輕輕鬆鬆的勝出──於是千詩碧可蠟燭公司有了標誌性的產品。直接的客戶回饋，有助於選出合適的解決方案。然而，這些都只是基本版本。當徐梅得知蠟燭是正確的選擇後，接著她必須決定蠟燭的種類，在外觀、香味，以及顏色上發展特有的產品系列，並確保生產規模化。

幾年前，一間我們稱為Startup Echo的公司，創業者想開發一款APP，用來檢測什麼地方因惡劣天氣造成不良的影響，然後馬上自動打電話詢問是否有人需要防水的帳篷頂布、維修屋頂等幫助。這個想法在接下來的幾週，為維修屋頂的公司帶來了潛在客戶。他甚至在啟動自動化電話系統打給人們之前（一旦天氣系統檢測到有潛在危害的區域），就已經花了二十萬美元跟大學教授和軟體開發人員合作，進行複雜的天氣演算法。

當這位創業者準備開始開發軟體時，他已經沒有現金了。在我們聽到他的**投售**之後，曾經有一段這樣的對話：

我們問：「你有沒有試過，查看天氣地圖上的『紅色』暴風雲的影響界線，然後在暴風雨過後叫幾十個人去那個地區，詢問他們是否有房屋受損，以及是否需要立即性的幫助？」

他說：「如果他們說是，我該怎麼辦？」

我們說：「你可以在 Google 搜尋引擎上搜尋該地區的屋頂修繕公司，打電話給它們，然後詢問它們是否想要潛在客戶名單。」

他說：（沉默了一下子，臉色變得越來越紅，就像布滿暴風雨的天氣圖）「為什麼他X的在一年前和我花了二十萬美元之前，沒有任何人告訴我這些？」

當這個創業家確定人們是否真的需要這項服務時，他可以先以手動方式執行過程，然後再建立自動化工具，來剩下大量的時間、金錢，以及煩惱的事。缺乏實體模型會使巨大的冰山形成。

只要記得，早期的實體模型或線框圖不會是漂亮或完整的。第一個實體模型從來不會像創辦人腦中所想像的產品那麼好。早期的反覆修改會是粗糙或簡陋的，一部分原因是為了避免一開始就在設計上花太多精力與金錢。此外，線框圖通常只是一個非常簡單的視覺化呈現。它看起來沒那麼有趣。線框圖有利於確保每個人有同樣的想法，避免浪費精力去創造沒人喜歡的東西。

導航計畫：預期會有一些妥協。這是自然的，重要的是不要讓這個階段打敗你。接受早期的設計會是不完整也不美觀的。

線框圖101

線框圖相當於數位建築平面圖。它們通常是黑白的，用來呈現軟體產品或網站。所有資訊都使用邏輯流程，以線性格式呈現。通常，線框圖有不少資訊，但看起來很簡單。看看這個典型的網站線框圖範本，事實上它只是一個示意圖，用來說明產品可能包含什麼。

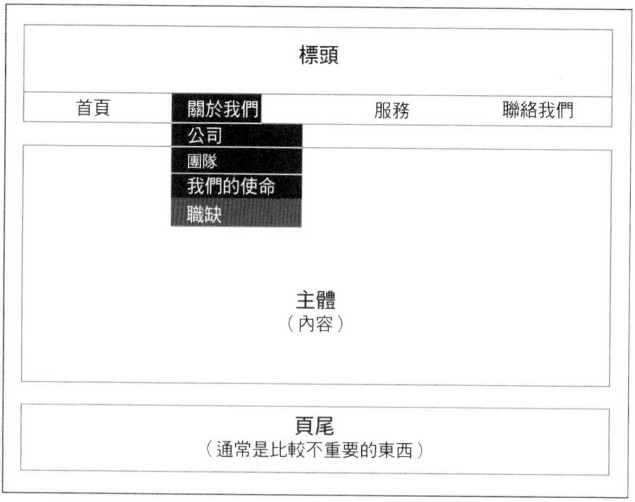

象牙塔「見解」

航行設計海時，在船長室裡擺好地圖是很誘人的。然而，萬一船長跟開船的人行動不一致，就會很危險。在這些水域航行時，離開崗位去蒐集實際使用產品的人的回饋，是非常重要的。

在經歷驗證與設計的考驗之後，可能會覺得花幾天時間走出辦公室進行測試，並尋求這些設計的回饋，是一種浪費。有些人可能會認為，花幾個小時在船長室裡修改不完美的設計，是更聰明、更有效的選擇。然而，這是個致命的錯誤——在這個階段，創辦人不能從象牙塔中獲得見解，不能從遠處觀察或想像用戶體驗。

在驗證海中，我們提醒新創公司不要對產品的各方面進行A／B測試。取而代之，我們建議新創公司進行思考實驗。然而，對設計進行周密的思考，也只能讓新創公司僅限於此。設計階段是尋求客戶意見的好時機，獲得真實的設計描述也非常重要。雖然並非每個設計選擇都需要A／B測試，但是花點時間進入設計A與設計B的領域，會是極其有效的。

當設計團隊在場時，創始團隊很容易退後一步，讓專業人士去做他們的工作。然而，如果不直接從潛在客戶身上獲得有關線框圖與原型的回饋，可能會冒無法聽到和了解第一手意見回饋的風險。新創公司的創辦人不能依靠別人，來為他們做測試並向他們報告。讓別人感受客戶的反應，就像是孩子們的「電話」遊戲。公司最後得到的消息，可能跟客戶實際表達的內容有很大的差異。當然，我們面臨的挑戰是，有能力對回饋進行分類，了解哪些是可以採納的重要內容，以及避免過於頻繁的進行**戰略轉向**。當新創公司直接聽到回饋，而不是透過別人的解釋來得知回饋時，就能更容易從中了解。了解為什麼A贏過B，以及客戶如何使用這兩者，這比單純了解哪個版本在A／B測試中勝出更為重要。

TRX的藍迪．海崔克時常分享說，在確定最終產品之前，他至少有過五十次的設計更動。這代表他至少拿了四十九種不同版本的產品給客戶，而且每次都「重新調整」產品，直到他把產品做對為止。其中有些調整相對較小，譬如把TRX產品的握桿和可調整性做好。此外，這些版本製作起來不耗時也不花錢，因為這些更動他都自己做。重要的是，他還親自做了測試，這樣他就能直接看到什麼是行不通的。即使你希望自己的產品不需要四十九個版本，才找到「比別人更好」的版本，你也應該欣賞海崔克的毅力。

導航計畫：離開辦公室去接觸用戶，是新創公司成功的關鍵！在發布前階段性的安排測試，因為這時候回饋是最重要的。找到理想用戶，然後在他們操作一遍時，詢問他們的意見。當專案有全新的視角時，有助於讓產品的易用性的待改進之處被看見。根據這些訊息，可以讓產品在發布之前進行更新。

即使設計團隊已經就緒，在設計過程創辦人仍應該貼近產品與客戶。這能限制因為錯誤或不當的見解而脫離了用戶體驗——在這個階段，很少會有來自象牙塔的真實見解——所造成的冰山。

範圍界定太短視

即使，新創公司正積極尋求客戶的意見，它仍要確保自己適當評估那些回饋與規畫。新創公司不應該對每個客戶的意見過度反應，而是需要思考，今天的決定將會如何影響產品未來的發展方向。界定設計範圍的決策不只需要考慮短期與反應性的調整，還要考慮長期目標與產品的發展方向。

在集思廣益的設計會議與實體模型的初期階段，很容易對小改變與回饋感到興奮。採納意見回饋並重新設計APP、網頁、或產品原型，感覺是很正常。但請小心——這些快速反應在前幾個月會使設計債務增加。在最佳情況下，MVP的設計規格已經從驗證階段就設定好了。不要撞上缺少實體原型的冰山會有幫助。

這裡的回饋可以為ＭＶＰ提供些微的修改，但對確定長期發展計畫的範圍可能會更有幫助。與其不斷反覆改良設計，直到產品變得非常完美，不如帶著一個沒那麼完美的產品繼續發展會更好。經常聽到的簡短說法是「完成，然後反覆改良！」而不是會產生問題的「反覆改良，直到完成！」換句話說，不斷的反覆改良就像是失敗，因為產出的結果不完全如同設想一樣。然而，讓它達到你想要的90％再完成它，會比你花時間苦苦的去完善最後10％的內容更好。如果沒有客戶的意見回饋，這些時間可能會浪費在完善、不需額外處理的東西上。

導航計畫：一旦你開發實體模型並且接受客戶的意見，你就應該區分出需要改變ＭＶＰ的回饋，跟能夠提供長期發展範圍的回饋。避免對ＭＶＰ做出重大、激烈的改變，除非這些改變對於產品的推出至關重要。

通常，新創公司會假設用戶只使用一種設備（像是智慧型手機）跟平台進行互動，但實際上，用戶通常會使用另一種設備（像是桌上型電腦）。用戶透過什麼設備來使用產品很重要。在重要階段缺乏對必要特色的適當範圍界定，可能會導致過度開發，也會造成缺乏設計缺乏關鍵要素。

舉例來說，讓我們想想我們在行銷之洋一章所談到的，健康科技新創公司 Startup Bravo。它在為醫生與醫療團隊提供行動通訊平台上頗有成效。開發團隊起初假設用戶會透過手機平台與該產品進行互動，因此它為智慧型手機打造了一個耐用的設計。然而，在早期試驗中，很明顯的，護士主要使用桌上型電腦，透過該平台進行日程表的安排與通知，而不是跟患者進行交流。事實上，護士在值班時很少會使用手機。因此應把一些功能移到僅限於桌上型電腦，並將其他功能移到桌上型電腦與手機，簡化發布系統的主要組成設計。

手機本身就是用戶體驗變化的一個有趣例子。原本，手機只當作電話使用（而且是不好的）。到了二〇〇〇年，第一台裝有相機的手機問世；四年後，在二〇〇四年的第三季，已經有三分之二的手機都裝上了相機。當時，有相機的手機銷量已經超過實體相機。而現在，智慧型手機已經具備電腦大部分的功能了（即使它們仍然不是很棒的電話）。

預測產品可能會如何損壞也很重要。Airbnb 在二〇一一年學到範圍界定太短視的陷阱，當時一名從該平台預訂房間的客人嚴重破壞主人的公寓。這間公司沒料想到會發生這樣的事情。不出所料，故事登上《紐約時報》（*New York Times*）、《華爾街日報》（*Wall Street Journal*），以及《金融時報》（*Financial Times*）的頭版。當這件事發生，前產品主管強納森・高登（Jonathan Golden）說：「它引發了一場媒體風暴，許多人預測 Airbnb 會畫上句點。」

我們從來沒有遇過這樣攸關生死存亡的危機。」[69]

Airbnb 上的房間來源數量急劇下降。問題關鍵是公司要恢復屋主的信任與信譽。高登描述 Airbnb 如何處理它的**策略**：「我們組成一個五人小組，在接下來的兩週裡，我們全面投入運作一個涉及法律、市場行銷、產品，以及營運的計畫。」Airbnb 決定透過自保，為屋主提供高達五萬美元的保險——儘管當時沒有保險公司，即使這表示需承擔高達五億美元的暴險。

這項計畫奏效了。經過少數幾次的理賠後，它們終於找到一間保險公司，讓它們將承保範圍提高到一百萬美元，也贏得穩定的信任。因為快速的做出回應，Airbnb 才能夠巧妙的繞過冰山並恢復航行。然而，沒有預期產品可能會以什麼方式被損壞，也許會讓船沉沒。

耐用的設計包含對**使用者體驗**（user experience，通常被稱為「ＵＸ」）的深刻理解——不只是使用者可能想要的所有東西，還包含這些東西可能出錯的方式。使用者體驗與一個人在使用產品或與產品互動時的感受有關。在軟體方面，使用者體驗可能包含產品的易用性、它帶來的挫折程度、或者它的美觀程度。在考慮ＵＸ時，重要是應該考慮使用者在日常生活中如何使用該產品，以及他們會在什麼平台上使用該產品。ＵＸ的關鍵是要把產品放在使用者手中，觀察他們怎麼做。客戶對新產品做的事，往往與我們預期的完全不同——產品引起混亂的程度越大，就越有可能出現意料之外的用途。

導航計畫：設想你的設計會如何對不同的平台或情況作出回應。從一開始就打造一個反應靈敏的設計，為潛在問題做好準備，而不是試圖改善只能在一種特定情況下、或一種裝置上的不可變動的設計，會是更容易的作法。

思考使用者在使用你的產品時，可能會遇到的各種場景——並確保不要避開負面場景。是否有任何可能會讓人困惑的地方？有沒有可能有人會惡意的使用你的產品？是否存在可能讓你的使用者受傷害的弱點？最好在設計產品時思考這些問題，而不是在發生災難時——你會有比較多的時間去想出一個可靠的解決方案。

世界上最好的團隊都知道，線框圖非常適合用於測試概念，但沒有別的方式會比真正的客戶使用真正的軟體，而讓團隊學習得更快。為了儘快到達那個階段，團隊會打造出MVP（最小可行產品）。這個MVP是可以提供客戶價值的最小的東西。從小開始發展，並逐步增加產品功能，以便收集與順應回饋，對新創公司來說是非常重要的。MVP的概念不是到處貪快走捷徑，它是簡化到剩下重要的東西。曾獲得傅爾布萊特終身成就獎（Fulbright Lifetime Achievement Medal）與國家藝術獎（National Medal of Arts）的其中一位美國著名平面設計師米爾頓・葛雷瑟（Milton Glaser），在一篇標題為〈我已經學會的十件事〉（*Ten*

Things I Have Learned）的文章中指出：「少不是多，恰好足夠才是多。」[70]做少一點沒關係。它只是做得沒有非常好，而不是劣質的設計。

失敗的 Monitor110 營運長羅傑．阿倫博格（Roger Ehrenberg），把新創公司的倒閉歸因於，在把產品交到客戶手中之前，花費太多時間讓產品變得更完美。Monitor110 打算成為投資者新聞資訊彙集的公司。共同創辦人傑夫．史都華（Jeff Stewart）是 Monitor110 的技術指導。雖然創辦人表示，他們希望「儘早發布／經常發布」，但是到了把產品呈現在客戶面前時，他們就變得很緊張，擔心如果沒有一切都運作得很完美，他們在華爾街與避險基金客戶面前會看起來很愚蠢。他們也曾經出現在《金融時報》的頭版。對他們來說，這種額外的關注只會讓他們更想擁有完美的產品。

他們努力了三年，試圖利用最新的技術做出完美的產品。然而，技術不斷的發展。等到他們認為他們有了完美的產品時，這項產品就需要新的改進。在投入三年時間與兩千萬之後，他們得到一個沒辦法為客戶帶來好結果的笨重設計。他們需要在技術上作出重大的戰略轉向，變成更簡單的使用者體驗方法，但是已經太遲了，於是 Monitor110 倒閉了。阿倫博格指出，如果他們把早期版本交到客戶手中，他們可能已經成功。[71]

導航計畫：找到一個平衡點。確保你有納入解決核心問題的必要功能，而不是在額外虛飾上花太多心力。

讓產品構想從驗證進入設計是很困難的。期望很高，可是看到早期的原型通常不會讓人留下深刻印象，也可能會讓人失望，但這是避免遇上缺乏實體模型冰山的必要步驟。設計階段的目的是在產品進入開發階段時，繪出產品的路線。位於前線、面對面滿足客戶，了解他們如何使用產品，允許他們嘗試破壞產品——這些能帶來重要的見解，讓你了解產品推出的關鍵為何。這些步驟也有助於制定出開發計畫，帶著新產品從推出到成長，避開範圍界定太短視的冰山。在設計方面投入時間與精力，能幫助新創公司全力航行進入開發領域，避開來自象牙塔的短視見解，和範圍界定太短視所引起的債務冰山。

開發海

產品開發代表要實際製造出產品。鐵達尼號製造的時間比白星航運預期的還長，也比奧林匹克號還長。事實上，有些人認為如果鐵達尼號能如期完成，它也許就能在它橫渡大

西洋的處女航時，完全避開冰山的季節。這個產品的建造既漫長又充滿危險。想像一下，一艘一〇四英尺高的船被安置在大量的鋼板中。很難確保近一萬五千名工人都能在正確的時間處於正確的位置。甚至在船下水之前，有二四六人傷害，其中有二十八人因為斷掉的手臂與壓碎的腿被視為「傷勢嚴重」，甚至有六名工人死亡。在建造過程方面，這是個複雜的開發任務。

鐵達尼號的部分悲劇，始於缺乏執行設計的原材料，加上幾乎同時建造三艘大船。建造三艘巨型船隻需要大量的鋼板、木材以及鉚釘。鉚釘是把兩塊金屬結合在一起的螺栓。可以把它們想成是，將鐵達尼號的不同部分黏在一起的膠水。重要的是鉚釘是由鋼製成的，因為鋼是比鐵或銀這些純金屬還堅固的合金。

造船公司 Harland and Wolff 需要超多三百萬個鉚釘，但是沒有那麼多鋼鉚釘可用。於是，造船商不得不使用鋼鐵與爐渣鉚釘的組合。爐渣是從煉鋼過程中收集而來的廢金屬。爐渣的缺陷使鉚釘更脆弱、更容易損壞。這表示鐵達尼號的建設有某些地方品質較差。在那個悲慘的夜晚，鉚釘斷裂，導致船迅速進水。品質更好的鉚釘或許能讓鐵達尼號浮在水面上夠長的時間，以便等待救援人員到達。

高品質原料的可用性不是唯一的開發挑戰。建造到一半時，白星航運發現富麗堂皇的船能讓市場有望成功。在建造過程中，約瑟夫．布魯斯．伊斯梅決定打造一個更引人注目的走廊，把舞廳的高度變兩倍，並為頭等艙乘客擴大散步場所。這些變化要求設計師降低船艙壁——當船傾斜時，讓水從較低的艙壁擴散出去的技術債務。這些變化也導致船上的救生艇數量減少。雖然救生艇的數量超過當時公認的安全標準，但唯有充分的把乘客都裝載上救生艇，救生艇數量才算足夠。這使得船上的全體工作人員幾乎沒有犯錯的空間。當然很遺憾的是，處於壓力狀態下，正是人們最容易犯錯的時候。這樣的綜合情況放大了災難性的生命損失。

由於我們把這個海放在其他兩個後面，產品開發似乎只能在概念驗證與產品設計完成後才開始。但事實上，最好的新創團隊會在過程中不斷的驗證、設計以及製作。在任何新產品推出的期間，無論是軟體、醫療、體育、或其他類型的產品，團隊成員都應該做到以下幾點：

- 多了解自己的能力與理論
- 去找出他們猜錯市場的什麼需求，或了解更多市場需求的細節
- 意識到市場本身會隨著時間的經過而改變

也就是說，雖然驗證與設計是關於建造正確的船和繪製路線，但是當新創公司選定好

它初期要銷售的產品時，開發工作就會開始進行。無論是堅持原始的產品設計，抑或策略性的偏離最初的計畫——選擇這兩者中的任何一個，都會帶來其本身的債務冰山。

在危險的開發海中航行時，核心導航目標就是，不要讓更改受到免不了讓新創公司失敗、所有學來的知識所驅動。

過程含糊

新創公司已經驗證產品適合市場，設計團隊也已經製作出ＭＶＰ來獲得客戶回饋。獨立設計師或外包資源對下一步有良好的心理地圖。

接著，現實世界來臨。會有大型展示會，或是一位新創公司極需爭取（對與眾不同的特色有需求）、決定成敗的客戶。聰明的開發人員，為了在截止日期前完成，有意或無意的貪快走了一些捷徑。接著下一個截止日期出現……再下一個。當尋找產品市場契合度的真正旅程最後花了十二個月、二十四個月、甚至三十六個月時，堅持完善的開發實踐和存有希望的產品開發更動，就會變得很困難。過程中無法對確定產品與著手開發保持理性，會使船因為變得越來越大的冰山而產生漏洞。

即使只有一位工程師，新創公司也需要遵守良好的作法，以避免產生嚴重的技術債務，進而導致它們回應市場的能力陷入停頓：

- 新創公司應該不間斷的維護有條理的使用者故事與特色清單。（在軟體開發中，我們稱此清單為**待辦清單（backlog）**——是一個有序的清單，裡面有公司知道應該包含在產品內的所有東西。有關更詳細的待辦清單，請參見下頁的方框。）
- 即使它們可能再更動，但重要的里程碑可以、也應該在時間表上大致被確定。[72]
- 團隊應該使用許多團隊工具中的其中一種來管理待辦清單、進行中的項目，以敏捷式（Agile）產品開發活動來完成。
- 在軟體開發領域上，新創團隊必須建立一個包含測試、同儕審查，以及自動程式碼品管工具的過程，而且必須在每個週期審查結果。在實體產品開發與完善一項創新服務的過程中，也與這些過程有許多相似之處。

一九八一年，堪薩斯城的凱悅飯店（Hyatt Regency Kansas City hotel）在兩條天橋坍塌時，嚐到不良建設過程的後果——最後造成一一四人死亡，二一六人受傷。經過調查，一名建築工程師發現原始設計方案有一個細微的改變。在最初的設計中，兩條天橋都跟天花板上的連續螺紋桿相連。這根螺紋桿很長，而螺帽幾乎必須穿過桿的整個長度才能將其固定。為了避免旋轉螺帽二十英尺來固定螺紋桿，建造者決定把螺紋桿切成兩段，並將較低的天橋懸掛在較高的天橋下。這代表上面的天橋現在必須支撐它自己的重量，還有下面天橋的「非設計」重量。在法庭上，並不清楚是因為有人在必要的檢查過程中有犯錯，還是因為含糊的過程，讓修改在沒經過必要的審查與簽名的情況下蒙混過關。這種開發冰山對許多人造成悲慘性的後果。[73]

待辦清單與衝刺

待辦清單是從軟體產品要建立的所有特色開始。接著，團隊會把每一個特色拆成可管理的步驟，稱為待辦事項，並且為待辦事項排定產品發布日期。這能讓每個人都能概要性的了解需要做什麼事，和達成目的將會採取的具體步驟。

藉由將特色拆成待辦事項，專案經理就能夠創造**衝刺**（sprint）的工作週期（通常長達十四天到三十天），專注於反覆改良。這是**敏捷式軟體開發方法**（**Agile software development methodology**）的一部分。[74]

導航計畫：當進入開發階段時，可以考慮去拜訪幾個反覆改良它們的產品很多年的團隊，你可以做紀錄。即使前期可能會覺得更緩慢或更痛苦，但也要投入過程中。

跌跌撞撞邁向更好的產品，痛苦的現實（和一路上所需的更改）就是堅實的基礎與結構之所以非常重要的原因。每當公司要根據團隊所學的知識進行更新時——除了現實世界會隨著時間不斷變化以外，更新必須不能造成會導致船沉沒的問題。這需要有一個從現有的使用者獲得經驗的過程，和一個更改與新增產品特色的計畫。此時，內部溝通是關鍵——開發團隊經常毫不關心產品的實際使用者。一個可靠的流程可以讓新創公司的成員互相學習。

導航計畫：確保所有主要特色與任務都在某種清單或待辦清單上，而且你必須花精力，對清單進行排序和重新排序。

注意！工程師（甚至是創辦人）有時會先進行技術上最具挑戰性的特色，或他們最感興趣的特色。請留意這方面的跡象，並協助排定重要任務開發的優先順序，即便它不是最有趣的開發任務。

鐵達尼號正常運作的最後一晚，因為沒有適當的系統能處理訊息，為船員帶來很大的問題。在撞上冰山的那晚，大約晚上九點四十分左右，鐵達尼號收到來自附近船隻加州號傳送過來的訊息。在此期間，高級無線電報員傑克・菲利普（Jack Phillips），拚命的想發送來自船上乘客的數百封電報。身為一艘豪華郵輪，鐵達尼號想讓乘客能更容易的向他們的朋友與家人分享他們的興奮。電報是可以讓他們這麼做的新系統，因此乘客們都躍躍欲試。

與此同時，一位加州號的電報操作員正試圖告訴菲利普，危險的冰山正在接近。加州號的訊息干擾了菲利普的電報傳送，讓菲利普感到很沮喪。因此他向加州號回傳一則訊息：「閉嘴！閉嘴！我很忙。」於是加州號切斷了與鐵達尼號的電報傳遞，以防止訊息傳遞的干擾。這艘船距離鐵達尼號不到一個小時的路程，但兩艘船之間已經沒有任何的通訊方式。在那天稍晚，加州號的船長沒辦法注意到鐵達尼號的求救訊號，直到要幫忙也已經來不及了。新技術加上訊息的優先順序與分享資訊的含糊過程，是促成鐵達尼號災難的原因之一。

產品開發基礎不佳

代碼庫（codebase）或機械設計可能會充滿太多技術債務，以至於在這基礎上建立東西，就像在雨後溼滑的冰山上疊一個企鵝金字塔一樣。（對於那些沒有過這種經歷的人來說，這真的很難）。

此時會出現的一座具體的冰山是，工程師可能會非常專注於快速建出產品特色，以至於他們沒有制定計畫來測試工作的品質。在軟體開發中，大多數新式的程式語言在產品開發時，都有提供合併測試程式碼到實際程式碼的支援。這個支援絕對非常重要，因為隨著產品複雜性的增加，每一個新的變更都有可能導致越來越多先前的特色失靈。隨時為每一個特色建立測試，代表團隊每次開發一個新特色時，它都可以事先測試——通常是以自動的方式——以確保舊的特色依然能正常運作。在雲端基礎的軟體（SaaS）世界裡，一切都應該「二十四小時全天候運作」，如果工程團隊想要實現這個期望，就必須使用內建的、自動化的測試。另外，因為當工程師編寫測試時，特色的複雜性是首要重點，因此同時建立測試的成本，會比之後回頭建立測試再試著放進去的成本低很多。

導航計畫：建立同儕審查過程。在工程師釋出成果供生產與配售之前，先審查彼此的工作，能帶來相互學習與防止錯誤的雙重效益。也許更重要的是，當工程師知道某位工程師同事會看他們的工作成果時，他們往往會建立出更好的特色！

一八五四年，白星航運註冊的另一艘裝備齊全的快速帆船——皇家郵輪泰勒號（「第一艘鐵達尼號」），在出航的兩天後被困在風暴雨中。這場暴風雨最後讓它們發現舵（用於控制船的航行方向）對船來說太小，使船難以改變方向。更可怕的是，繩索（用於支撐船桅的繩索系統）無法正常運作。正常情況下，繩索在現場使用前，需要預先被伸展開，但繩索沒有預先被伸展開，因為太鬆而難以控制船帆。為了試圖控制帆船，船員拋下兩個錨，但船還是擱淺了。如果船員有適當的進行測試或進行一系列的任務審查，這艘船的命運可能就會有所不同。在登上泰勒號的六五〇人當中，只有二八〇人生還。

讓我們先關注一下軟體開發。因為寫一個大型代碼庫本身就是一頭野獸。你加入越多的程式碼，它就越容易失控——尤其是如果只有一位開發者。

想像一下常見的場景：創始團隊一直要求開發人員更新。他們知道進展情況的要點，他們很高興。接著進入開發輸出停滯期，創始團隊將生產力放緩，歸因於不斷發展的產品。於是團隊聘請另一位開發者。然而，這位新的開發者卻無法理解原本的代碼庫。

當程式碼變得非常複雜，複雜到真的只有第一位開發者可以理解時，那麼對新開發者來說可能會存在巨大的進入障礙。當進展變得比過程更重要時，這項產品的程式碼可能會聚集效率低、不必要的複雜程式碼。這會導致產品基礎不佳。

注意！如果你的工程師認為沒有人能夠讓產品運作，那也許是時候開始尋找他／她的代理人了。在你帶來會拖累你的新創公司、無法克服的債務冰山之前，進行改變吧！

導航計畫：事實證明，開發人員在記錄程式碼方面，幾乎都沒有做得很好。但是，當你有來自同儕審查和自動程式碼品管工具的內建測試時，代碼庫就會變得更容易被未來加入該團隊的開發者讀懂。

新創公司Spinvite的創辦人奧黛麗・勒杜（Audrey Ledoux[75]分享她在面對產品開發基礎不佳的漂浮冰山所犯下的錯誤。二〇一四年，Spinvite想成為一款能顯示你的朋友群所參加的活動的APP。人們會加入APP並列出活動，是因為他們希望其他朋友加入，而不是想寄電子郵件／傳訊息，或從多種社群媒體來源獲得訊息。勒杜為了把她的成本降到最低，把所有開發工作外包。在APP推出後，勒杜了解到大部分的外包開發商更關心的是薪水，而不是為你打造完美的產品。她從來沒有做過任何產品測試，她更不知道如何對她收到的產品進行品質檢查。

她說，開發過程就是進行下列這些步驟：

1. 草圖
2. 原型
3. **α 測試（Alpha testing**，第一個內部客戶）
4. **β 測試（Beta testing**，第一個外部客戶）
5. 在APP商店上架

請注意還缺少了什麼：第二次、第三次，以及第一二三次β測試，品質檢查，不斷更新，以及維修。在實際測試與修正階段開始之前，她就把錢花光了。當然，在這過程中，時間表推遲了，產品也落後於計畫。Spinvite發布了一個漂亮但不是非常實用的β版，但從未發展成可規模化、可用的APP。

當開發加快、調整變得更加頻繁時，在專案中安排一位以上的工程師，讓他們測試彼此的工作，就變得非常重要。當使用量因為更多客戶與更多功能而增加時，**負載測試（load testing）**或測試系統的最大功能容量，就成了避免產品基礎不佳的債務冰山出現的關鍵了。這包括如何讓新成員融入開發團隊的計畫。

注意！一項專案中的人越多，建立過程應該就越快。如果增加開發資源不能以預期速度增

加輸出，新創公司就有可能是受產品基礎不佳的冰山所苦。

產品公司也有屬於它們自己的技術債務。當ＴＲＸ開始起飛時，海崔克就曾面臨供應鏈的挑戰。一開始，他手工製作他的所有庫存。隨著銷量增加，海崔克沒辦法再自己買布條縫製成產品，所以他跟一間製造公司簽訂合約，以滿足需求。

海崔克說，一開始大量的存貨送來，準備配送給客戶，大家急著對產品進行測試以獲得收入，但是：「我們把懸吊式訓練繩掛起來，然後拉著它身體往後靠，結果把手就像洋芋片一樣裂開了。」海崔克和他的同事不得不自己回去製作產品，以滿足那些已經下訂的訂單需求。對ＴＲＸ來說，在金錢與時間方面這都是個代價昂貴的問題——但這規模遠不及過失致死訴訟和產品責任索賠所導致的巨大冰山。藉由品質控管與測試（雖然是手動的），海崔克避開沉船事件。

在整個開發過程的控制中，可以有一個推力或偏好。很常見的是，希望所有工作都在公司內部完成，畢竟，這不就是做出可持續、值得信賴的產品的唯一方法嗎？事實上，外包給外部資源或許是可行的，為了擴大規模甚至是必要的。新創公司需要願意任用一些外包工作（才能避開漂浮在人力之洋上的，依需求回應員工資源類型的冰山）。

然而，外包最大的問題是「品質變差」，因為這些供應商會試圖提高它們的利潤而降低品質，就像海崔克／TRX發生的狀況一樣，或者供應商會把工作轉包給標準較低的公司。如果新創公司選擇外包，它還是需要執行它的品質標準。它需要積極主動的管理這些關係，採用跟自己相同的標準，否則若失敗的產品讓客戶感到失望，甚至引起傷害與訴訟，就會產生阻礙航行的技術債務冰山。

導航計畫：思考哪些方面的開發工作可以外包、何時外包，確保在所有外包合約中列入最低品質標準。在軟體開發方面，有經驗的買家知道，利用自動化程式碼品管工具與值得信任的內部、或合作夥伴資源來進行同儕審查，會讓結果很不一樣。

起霧的水域

恭喜你，到這裡代表你已經擁有幾位客戶或使用者，而且你的產品已經上軌道了！新創公司終於獲得動力，客戶數量與其對公司的價值也在增加。對創辦人來說，很難不放鬆去喝杯啤酒，沉浸在新發布的產品的榮耀中。然而，這只是開始而已。

許多度過初期、凶險的海域推出產品的新創公司，最後都敗在持續經營所需的紀律上。

即使團隊沒有被鎖定在象牙塔裡，也會有越來越多的企業活動，超出創始團隊的視線範圍。對這個階段的公司而言，保持最初的渴望與熱情是很重要的。現在放鬆，可能會削弱所有投入的努力。

現在，團隊必須成長且全面開發產品。技術每天都在改變，新創公司必須跟上客戶的需求，防止出現競爭。新創公司不能讓服務中斷，但在這個階段，確保監控到位，並且確保回應警報的過程保持正常運作，是折磨許多新創公司的任務。此時會讓團隊變得很忙，以至於它們忘記怎麼「當客戶」，也忘記不時以全新的眼光來使用自己的服務。這可能會導致在客戶體驗上，發生令人尷尬的基本疏忽。在通過起霧的水域時如果忽略客戶與開發計畫，會是特別糟糕的時間點。

千詩碧可蠟燭公司創辦人透過慘痛經歷學到，一旦產品推出，你就不能放鬆。一開始，它們設法把商品配售到Bloomingdale's、Nordstrom，以及約三千間精品店。這聽起來很棒，但徐梅知道她需要一位大型賣場採購員才能真正成功。

她為了能安排會議，花了一年多的時間，每週打電話給Target的採購員。在會議上，徐梅介紹專門解決Target客戶需求的新顏色和新味道。在這次會議上，她獲得一份得在中國建立一間新工廠，尋找新的經銷商，以及讓庫存管理系統就緒的合約。徐梅從來沒想過會帶著三百萬的合約，離開她在Target的第一次會議。她說：「我完全措手不及。」[76]徐梅沒有沉浸在這個成就當中，而是儘快建立起能完成這份合約所需的能力。這代表要建一間工廠、生產蠟燭，然後準時把蠟燭運回美國，以供應即將到來的大量意外購買需求。於是她做了這些事，讓Target成為八百萬美元大訂單的客戶——這相當於很多個十美元蠟燭。

請注意，千詩碧可蠟燭公司在產品推出之後進行創新。很多新創公司也會這麼做。產品需要不斷的創新與進化，開發計畫與過程必須考慮到這些未來的創新。為了這些改變擬定計畫，能讓新創公司具備採取長期觀點的能力。舉例來說，大部分新的醫藥產品都會有一個開發計畫，從產品推出到整個專利有效期——平均而言，這是一個長達十二年[77]的規畫。

導航計畫：把產品演變的構想納入開發計畫或待辦事項中。確保開發團隊在產品推出前就在規劃下一代產品。對現有產品的新功能與新產品的提供進行區分。

隨著公司的發展，密切關注客戶實際上與產品互動的方式，依然是很重要的。這不僅僅是設計上的挑戰！許多新創公司會大量投入Google分析（Google Analytics），去觀察誰來到它們的網站；然而，它們沒有投入於實際APP分析、客戶使用指標、或者密切關注潛在目標客戶。即使這些指標確實存在於產品中，新創公司也可能沒去觀察和評估它們。公司一直盲目飛行，直到它找到可以測量人們在產品上花多少時間，他們使用哪些功能，以及他們沒有使用哪些功能的東西。

一間製藥公司在推出新的處方藥之後，想知道病患會服用它們的處方多久。這間公司跟連鎖藥局合作，藥局會在客戶拿新處方後的一個月、兩個月，以及三個月後打給他們。它們得到令人震驚的回饋——有20％的病人買了處方，但根本沒有吃藥。在第二個月的月底，有80％的病人停止服藥。停藥的首要原因是價格。於是這間公司開始積極從事促銷活動，鼓勵它的客戶繼續使用其產品。因此，只獲得客戶是不夠的——要避開漂浮的起霧水域的冰山，就必須長時間追蹤互動並了解客戶的有效期價值。

觀察客戶的使用情況有許多好處。首先，它能為持續性的產品改善提供回饋。它也能讓你有改善客戶體驗的機會。最後，它能讓你找到提高客戶保留的方法。智慧型手機使用者平均下載了將近一百個APP到他們的手機上。然而，他們通常每天只使用九個APP，每個月只使用三十個。[78]這些統計數據在過去幾年已經相當穩定。思考如何更好的了解客戶使用情況，可以提高任何一個APP獲得更好的使用率的機會。

觀察客戶使用情況，甚至可以更了解整個商業模式是否可行。Juicero獲得一．三四億美元的資金，用來製作一款可以上網、擠壓它們銷售的高品質切丁蔬果包的設備。[79]創辦人道格・艾文斯（Doug Evans）渴望成為奶昔界的Keurig。這台設備的上網功能可以追蹤庫存和監控新鮮度，最初的零售價為六九九美元到一千兩百美元，取決於它是供個人還是企業使用。

客戶在家收到這台設備和果汁包後，這些早期使用者發現，他們可以直接用手擠壓果汁包。（彭博〔*Bloomberg*〕公布這令人介意事實，讓Juicero的情況更加不利。）他們也意識到他們其實不太在意這台昂貴設備的自動化庫存與新鮮度監測功能。Juicero試圖做了一些補救——降低設備的價格，只銷售蔬果包給買了這台設備的人——但已經太遲了。Juicero已經對產品做出過度的設計，而且沒有密切關注人們使用這項產品的情況，產品只在市場上銷售十六個月便倒閉了。

導航計畫：將客戶追蹤安排就緒，以便監控使用者活動。這種回饋對產品開發與長期策略有許多好處。

客戶應該持續當新創公司的產品設計中心，為了衡量客戶的反應，除了客戶分析以外，新創公司還需要客戶服務人員，把客戶的意見傳遞給產品開發。了解客戶服務最新的問題，也可以讓團隊在客戶不滿增加時事先得到警告。

沒有船長會離開瞭望台，直到他撞到冰山才開始掌舵。但是，你會很驚訝的發現，很多新創公司卻使用讓碰撞事故發生的「策略」推出產品，並讓乘客（或客戶）的尖叫聲成為它們的警報系統。或者，它們會花時間安裝一個厲害的自動警報系統，但卻不指派任何人看守控制台。

監控客戶服務除了可以確定產品什麼部分損壞之外，還可以提供新創公司一些快速成果。客服人員常被詢問的問題，可以轉化成常見問題（FAQ）檔案或網站上的網頁，供使用者幫助自己解決問題。例如，TurboTax 在網路上有一個人們可以提問的地方。考慮到它已經回答了許多各式各樣的問題，TurboTax 可以向客戶顯示最常問的問題與它們的答案。這個功能讓客戶服務化被動為主動。它也可以促使銷售量增加。Zendesk 最近的一項研究指出，62%的 B2B 客戶與42%的 B2C 客戶，在接觸客戶服務後會購買更多。[80]

開發海是技術之洋裡持續時間最長的海。這是努力創造產品的地方；這是規劃未來的地方；這是需要持續進行改善管理的地方。關鍵是制定開發過程，規劃引進一位以上人員、持續追蹤變化，並運用團隊對改變之處進行優先排序。新創公司必須有品質控管與測試過程，確保產品真的能運作——無論它是完全在內部開發或是外包，以避免基礎不佳與過程含糊。最後，開發計畫也必須根據持續的改進與客戶的回饋，採取長期的觀點，以避開起霧水域的險境。

橫渡技術債務

技術之洋是讓產品市場契合度變得更有生命力的地方。為了推出產品與擴大規模，新創公司必須有能力在不產生難以處理的債務的情況下，開發其產品並反覆改良。雖然在這整個章節中有具體的導航提示，但此處有三個層次更高的建議，可以幫助你橫渡這危機四伏的海洋。它們分別是：

- 安排計畫
- 進行團隊工作
- 測試、測試、測試

安排計畫

造船的藝術不在於木材，產品不會從原料中誕生，也不會在沒有刻意規畫的情況下逐漸形成。程式碼不會自然的演變成軟體。此外，一款產品也不是一間公司。建造正確的船，繪製正確的航線，並保持在航線上，都應該是一個全面性計畫的一部分。

在創業之旅的早期階段，兩層次的規畫有助於籌劃工作。首先，以產品為中心的計畫應列出客戶體驗的整個流程，及其如何隨時間經過而演變。一開始，資訊上會有很多空白，特別是旅途的後期階段——但預留位置，找出這些空白：部分計畫是何時、如何，以及誰將會填補這些空白。可以把預留的位置想成，一份簡報裡面有些頁面只有標題但沒有內容——它們保留了位置以利之後填入訊息。最初，這個計畫可能只涉及三方面：在客戶開始使用產品之前會發生什麼事，使用期間會發生什麼事，使用以後會發生什麼事。很顯然的，隨著新創公司對客戶有了更深入的見解，這個計畫就會變得更詳細。

在這個階段，創辦人可以開始提出下列這些問題：

在這個計畫中，我們何時準備好從概念、到線框圖／原型、到MVP、再到開發產品？

- 我們對客戶的旅程與痛點做了什麼假設？這些假設從哪裡來？
- 我們該如何初步驗證這些假設，並對客戶體驗有深刻的理解？
- 我們希望在什麼時候能提供一個解決方案？

記得從問題開始——不要從解決方案開始。

簡單的規畫過程的例子是網站設計。如果創辦人有一個創業點子，他們通常會設法取得他們認為可能代表他們的新創公司名稱的網域名稱。這是一個等候的地方——網站還沒有活力。隨著構想繼續往前，創辦人可能會開始思考網站的樣子和它的功能。在某些時候，新創公司會以線框圖標示出這些構想，將概念形式化——但此時網站依然沒有生命。

在這個比喻中，產品的MVP就像是一個有生命的網站，但只有幾個活躍的頁面和有限的功能。這讓新創公司在客戶與外部利害關係人眼中顯得「真實」。當新創公司朝著更多客戶的方向發展，網站就變成溝通的中心樞紐，需要變得更健全。但是，網站會隨著客戶與溝通需求的改變而不斷演變，功能會增加，新產品也會持續開發。產品的演變也是類似的。

同時規畫公司演變的計畫與技術面的計畫也很重要。想了解更多關於這個產品計畫在橫渡技術之洋時，該如何與新創公司橫渡人力和行銷之洋的計畫同時進行，請參見策略之洋。

進行團隊工作

許多新創公司都是從一位工程師、或一個構想與一個外包工程師的關係起步的。這在一開始並非不好，甚至能讓新創公司以具成本效益的方式做出線框圖，或甚至是MVP。然而，單獨工作的工程師想保持獨立工作的誘因是有悖常理的——避免有人看到他們在產品開發上，為了省事而走捷徑的尷尬情況。對一位不是創辦人且可能需要工作保障的工程師來說，更是如此。畢竟，工程師對產品有控制權。

不過，隨著技術債務增加，創始團隊也許會決定是時候換掉主力，然後引進新的工程師。這往往是發現冰山剛形成的時刻。一群新創公司的執行長喝著啤酒，其中好幾位會生動提起非常嚇人的那一天與那一刻，當時他們新的產品開發經理跟他們展開這樣的談話：「唉，老闆，我們從第一個版本學到很多，但很遺憾的是我們需要重做……」

到了真的開始進行開發的時候，新創公司必須避免過程含糊的冰山出現。如果沒有合適的團隊能遵守流程，那麼流程就不會被遵守。通常如果創辦人從來沒有為團隊雇用或招聘過開發人員，那麼他們就不會知道要尋找什麼樣的人。負責招聘工作的人可能對工作技能的要求幾乎不了解——在軟體開發工作上，技能要求可能是系統架構、響應式設計、或者是使用現有的工具。負責招聘的人可能會陷入困境，知道要尋找一個「都會做」的優秀工程師，但卻無法分辨出自認為優秀與真正優秀的人。

你如何解決這些問題？開發必須是一項團隊工作。一開始，所有創辦人都應該與開發團隊密切合作，才能在共同的想法上溝通特色與目標，並制定技術上的計畫。當公司邁向MVP階段時，也許就是增加開發資源的時候了。新創公司可以透過把開發任務外包或雇用程式設計師來做到這一點，但最後還是要雇用一位內部技術長，負責程式碼與指導開發。這個團隊會不斷成長，但至少要有一位創辦人繼續參與開發過程，而且整間公司都應該知道早期成長階段的特色、問題，以及技術上的計畫。

測試、測試、測試

在許多層面進行測試，有助於避開技術之洋上的許多債務冰山。第一次的測試始於對客戶面臨的痛點、客戶的部分旅程與經驗，以及可用的解決方案的假設。請在驗證過程中有系統的測試這些假設。這麼做能避開技術與行銷之洋的冰山。

接著，在設計解決方案時會出現多次的測試。新創公司應該儘早在原型或線框圖階段，有系統的收集意見回饋，然後做為發展成 MVP 和之後階段的概念。繼續測試與驗證有關客戶如何、何時，以及為什麼使用產品的假設。

測試範圍不僅僅是假設和客戶回饋而已，測試也包含技術面和面對產品的一面。在軟體方面，DeveloperTown 用來幫助客戶開發可規模化的技術，並避開過程含糊的大冰山，這個核心過程包含三方面：

- 測試程式碼（透過程式化的、內建的測試）

- 把程式碼分級（使用自動分級作為程式碼穩健性的衡量標準）
- 使用同儕審查（相互尊重和自我檢查）

這三項任務強化團隊工作。對實體產品來說，也有同樣的測試，尤其是在企業成長與外包零件時。可以制定一種方式，透過隨機或系統性的檢查，分辨出這個階段的品質下降。

分階段建立

從某方面來看，技術之洋中的海看起來像是連續的。但實際上，他們是重疊的。每一個得到的新資訊或到達的產品開發里程碑，通常都需要重新考慮假設、加入設計元素，以及更新開發計畫。讓我們重新回顧新創公司的四個階段，來探討這三個海在不同階段——未創造收入階段、MVP階段、產品上市與早期成長階段、產品與商業模式規模化階段——的相應重點與優先事項是如何變化的。

在**未創造收入階段**，重點主要在驗證海。新創公司需要在驗證方面投入時間和精力，確保在產品開發上的任何投資都能受到市場的重視。此時你可以延伸在行銷之洋中的戰術海，避開客戶價值無效的冰山時學到的教訓。讓潛在客戶摧毀你設想的產品，你的產品有什麼好？什麼地方需要改良？這個產品如何比現有的解決方案更適當的解決問題？你忽略了什麼競爭對手？在過渡到早期設計階段時，在不投資於解決方案開發上的情況下，使用實體模型或線框圖，跟客戶分享解決方案的早期願景。

接下來，是時候確定MVP的**必備特色**了，意即開發MVP以獲得早期付費使用者。現階段的重點從驗證變成設計與早期開發。新創公司可以開發MVP的初期視覺形象，然後與潛在客戶進行測試。想像並畫出包含所有華麗的點綴功能的完整產品，是很好的一步。然後把產品拆解到只剩核心部分，並找出MVP最重要的組成部分。

此外，制定一個從MVP到接下來幾代的計畫。一旦你擁有MVP，就去做一些客戶測試，去試著破壞這個產品，思考並觀察客戶實際使用它的所有方式。更新設計規格，以便盡可能把產品濫用的不利情況降到最低。現在，是時候更詳細的明確規定設計，並制定開發計畫來完成這些選項了。

最後，真正的產品會到達實際付費的客戶手中。此時，產品推出的設計完成，也投到市場上了。現在，開發成為重點，包含回到設計反覆改良。客戶產品的使用與客戶服務的回饋是關鍵。當客戶使用產品時，哪些是有效的，哪些還需要更多的努力？回到設計過程測試這些新問題。透過收集回饋和安排開發任務的優先順序的可靠流程，在團隊中更新待辦事項，並持續為新特色排定優先順序。

為了讓新產品更快、更高品質的完成反覆改良，應該進一步具體化開發計畫，才能帶來更多的資源。思考你是否可以外包某方面的開發工作。自始至終，持續進行品質測試工作。初期版本產品帶來的良好客戶體驗，將會有助於新創公司最大化其早期成長階段。

隨著新創公司進入**產品與商業模式規模化階段**，產品也需要具備規模化能力。此時的重點是開發，以及回到驗證與設計中反覆改良。首要目標是在一系列產品更新中，完成特色的待辦事項。此外，密切關注客戶使用與客戶服務的問題，可以幫助新創公司發現更多的產品更新。現階段的重點是持續改進。在新創公司快速成長時，記得密切關注產品基礎不佳的跡象。

新創公司也應該繼續關注競爭對手。如果客戶是產品開發的中心，新創公司可以開始從單純滿足客戶需求，轉變成預期客戶需求，以阻止潛在競爭者和模仿者。同時，公司也應該努力找出客戶在產品上可能遇到難題的早期徵兆。如果問題即早被發現，這類產品問題就會更容易解決，它們造成的損害也會比較小。下頁圖表強調在新創公司的不同階段，技術之洋不同的海的重點有何不同：

未創造收入階段： 創意發想	**MVP 階段：** 第一批客戶	**產品上市與早期成長階段：** 客戶群成長	**產品與商業模式規模化階段：** 指數型成長
• 專注於驗證 • 尋求正面與負面回饋 • 了解問題目前的解決方案 • 測試簡單的原型 • 確定必備的特色	• 在驗證與設計之間反覆改良 • 評估現在是否是時機 • 探索需要什麼樣的使用者體驗 • 模擬出原型／線框圖 • 開發 MVP • 獲得客戶回饋 • 利用這些意見完善產品推出的設計，並界定開發計畫範圍	• 在設計與開發之間反覆改良 • 建立測試與品管流程 • 開始開發 MVP 以外的特色 • 密切關注使用者體驗，並從客戶服務獲得回饋 • 維護一個排定優先順序的待辦清單，以利持續性的改善 • 研究製造 vs. 購買決策	• 在驗證、設計，以及開發之間持續反覆改良 • 參與持續性的產品與特色改善 • 以衝刺來預防過度勞累和建立動力 • 持續測試客戶的接受度與新特色的技術品質 • 驗證待辦清單裡新特色的優先順序 • 注意產品相關問題的警告訊號

新創公司各階段的重要技術活動

大多數新創公司在開始它們的旅程時，心裡都有一個解決方案。然而，橫渡技術之洋從來就不是一條簡單的路。新創公司可以藉由早期徹底進行的驗證，來克服它們在前進之路上遇到的許多債務冰山。你很容易讓興奮帶你度過這段期間，但現在做的決定有可能會發展成巨大的債務冰山。在技術之洋中如果沒有導航，新創公司可能就會變成沙灘上的城堡，注定會被昔日冰山融化的混合物沖走。然而，成功的導航可以帶來可靠的產品，能取悅客戶並預期他們的需求和行為——也能讓新創公司啟航並挺過這段旅程。

第六章 策略的核心概念與不確定性

「計畫毫無價值，但規畫卻是一切。」

——杜懷特·大衛·艾森豪（Dwight D. Eisenhower）

「你要去哪裡？」

——大衛馬修樂團（Dave Matthews Band）

Webvan公司是用來說明缺乏**策略**，以及不同海洋中的冰山累積效應如何成為災難的好例子。Webvan是網路泡沫與一九九〇年代後期，非理性繁榮的「典型代表」之一。[81] 路易·博德斯（Louis Borders）在一九九六年創辦Webvan，你可能知道博德斯是美國連鎖書店博德斯（Borders Bookstore）的共同創辦人，這間書店在經過長時間的持續衰退後，在二〇一年破產。Webvan 背後的概念是提供送貨到府的網路雜貨店，這是個不錯的點子。更棒的是，Webvan 是這個領域的先行者——或至少是早期進入者。但不幸的是，如果一間公司發現自己從帶領市場變成無法維持的境地，那麼「居於領先的前端」也可能變成「流血的開端」。

在 Webvan 的巔峰時期時，它為橫跨美國的十個城市提供服務，銷售額接近兩億美元。然而，這些成就也帶來巨大的損失與未實現的期望。不同海洋裡幾座冰山的相互作用，導致這場重大災難。

在人力債務方面，Webvan 裡沒有一位高階主管、顧問、或主要投資者具備雜貨店業務的經驗。執行長喬治・夏欣（George Shaheen）來自安盛顧問公司（Andersen Consulting）。創辦人博德斯擁有優秀的書籍零售經驗（產品的貨架壽命更長！），但沒有雜貨店的背景。但發展書店的概念（人們喜歡花時間在不易變質的產品），跟推出並發展雜貨店送貨服務有點不同。

Webvan 就連在它創立的城市舊金山，也從未建立起可獲利與可擴大規模的生意，它的「破壞性」商業模式是未經證實的。儘管如此，Webvan 的投資者努力推動大規模、昂貴的成長，並推動公司上市。公司在一九九九年十一月獲得將近五十億美元的**首次公開發行**

（initial public offering，簡稱ＩＰＯ）估值。儘管上市時累積銷售量不到四十萬美元，且累積虧損接近五千萬美元，但公司估值卻如此的高。

接著是**技術債務**方面。當 Webvan 還是一個商業模式、未經證實的新組織時，它就已經花了超過十億美元在倉庫和運送的貨車隊上。整個物流過程是複雜且艱難的。根據 Webvan 創始團隊的技術領導彼得・瑞蘭（Peter Relan）所說：

> 我負責管理數百名工程師，他們建立軟體演算法，讓我們在奧克蘭物流中心長達五英里的傳送帶上得以每天運輸一萬個搬運箱。把物品運送到自動傳送貨架後，它會像自動點唱機一樣行進，把有關的物品運送到搬運箱裡，整個過程會不斷重複以上步驟，直到訂單完成為止，然後整合到出貨站。額外的即時庫存管理演算法能確保，客戶訂購網站上的牛奶當前是否有庫存；軟體演算法會把送貨車運送到好幾個送貨站，同時儘量把駕駛時間降到最低；駕駛手上拿的掌上機 Palm Pilots 裡面的軟體，會處理即時送貨確認或退貨。[82]

Webvan 沒有在現有的雜貨店系統與基礎設施上發展，而是試著從頭開始。這樣做不僅花了大量的資金，還疏遠了剩下的市場，讓 Webvan 直接成為現有的雜貨店參與者的競爭對手。

當我們把視線轉移到公司的行銷債務方面時，事情並沒有好轉。對於獲得正確市場區隔的價值主張，還記得前面談過市場區隔與**定位**的重要性嗎？Webvan 試圖同時做到市場區隔與定位。據瑞蘭的說法，價值主張是「像 Whole Foods 超市一樣的高品質標準、像 Safeway 超市一樣的低價，以及具送貨到府的便利性」。同時，市場區隔是注重品質的家庭，他們重視便利性且願意為了便利性付費。

類似 Safeway 超市的低價定位是沒有意義的，因為高品質與便利性，不太會跟低價同時存在。目標市場區隔願意為了高品質與便利性付費，但是低價通常表示相反。因此，定位的定價部分不符合市場區隔的需求和關心的事。

低成本的價值主張也與極度複雜、昂貴的技術過程不相容。Webvan 的歷史告訴我們，技術與行銷部分的錯誤整合會帶來一些巨大的債務冰山，這也是造成 Webvan 滅亡的主要原因。隨著虧損總金額超過八億美元、投資者損失達數十億美元，Webvan 在二〇〇一年倒閉了。人力、技術、以及行銷冰山結合的結果，是昔日矽谷寵兒的毀滅。

Instacart 經營與 Webvan 類似的業務，它提供家用雜貨的送貨服務，但是它從一開始就做了不同的策略決策。Instacart 沒有建立基礎設施，而是依賴現有的商家。當客戶在網路上下訂 Instacart 訂單後，就會有一位「購買者」到相關商店進行購買。然後，購買者會把商品送到顧客家。事實上，Instacart 與現有商店合作的方式，讓這些商店可以成為亞馬遜和其他純網路商店的競爭者。

Instacart 的購買者迅速成為其客戶價值主張的重要部分。Instacart 沒有把購買者當成只是一種低成本的送貨方法，Instacart 投資他們，為他們提供教育訓練、雜貨店的地圖，以及與客戶溝通的工具。這些購買者利用他們自己的車，成為「複雜的包裝與配送系統」。這大幅降低 Instacart 的資本支出，也是**自立創業**進入市場的成功例子。Instacart 的價值主張變成為購物者提供科技支援，以利為其客戶提供效率與效能。Instacart 的旅程仍在進行中，但它使用更好的策略，避開一些證明對 Webvan 來說是具毀滅性的冰山。

上述例子強調了策略的重要性。不過，在進入策略之洋之前，讓我們先討論一下策略的一些核心概念，有助於讀者做準備。無論是大公司、小公司、或是新公司，策略是個經常被誤用與誤解的詞。本章節會討論策略的整體概念，強調這些概念與人力、行銷，以及技術債務之間的相互影響有何關聯。接著，會介紹一些策略工具，用以建立一個隨著**新創公司**從概念、到產品推出、到成長階段，橫跨不同層面的**不確定性**與活動的整合方法。

定義策略

讓我們回到定義，並從定義開始。我們將**策略**定義為，在不確定的狀態下，把今天的選擇與行動，跟明天的目的地連接起來的過程。讓我們把這個定義的關鍵字拆開來看：

- **過程**：制定策略是一個過程，不是一個結果。它不是擺在書櫃上積灰塵的一百頁商業計畫——它是為了橫渡**風險企業**的不確定性，而反覆修改、具備適應力的一種方法。正如艾森豪所說，計畫不重要，但規畫是必要的。
- **目的地**：必須有一個願景，能引導新創公司、激勵內部與外部利害關係人（員工、合作夥伴、投資者，以及其他人）。更多關於願景的內容，請查看第二五八頁方框。
- **選擇與行動**：當你的策略確實含括最終目標，你就必須把這個目標與個人行動做連結。不只是創辦人（們）與領導團隊要這麼做——所有員工也都必須了解，他們的選擇與行動會如何影響新創公司的發展軌跡。
- **不確定**：有關新創公司的方向與市場，人們知之甚少，也無法確定。因果關係、競爭的影響、客戶接受度、技術性能，以及資金之間的假設與關係，創造出不斷變化的環境，讓這些可能的結果和這些結果的可能性，在很大程度上是未知的。

願景的作用

「著重於過程的策略」的定義表達出，不同於常用於指導企業發展的「路線圖」，路線圖的比喻基本上是一個合理、思考周到的作法，因為起點與終點都是已知的。公路、山，以及兩個點之間的連接道路，對導航員來說也是清晰可見的。新創公司的路線圖會列出，公司會在哪裡停下來讓創辦人加油，可能還會搜尋途中的休息站和速食的功能。這是商業計畫的世界，其中大部分的計畫在地下室、宿舍、車庫、或圖書館產生，幾乎沒有跟市場交流。

路線圖可以讓人沒那麼擔心，因為它有起點A、終點B，還有從一個地方到另一個地方的詳細計畫。然而，這不是正確表達新創公司旅程的方式。現實中，創辦人幾乎不會有關於他們路上的公路與小路的訊息。相反的，路本身是不確定的。創辦人透過與客戶、顧問，以及其他人的反覆互動，來解決不確定性。策略會不斷隨著內部資源、競爭對手，以及市場動態的變化而演變。

什麼是願景？

願景不是空泛的承諾或不明確的抽象概念。詹姆斯．柯林斯（James Collins）與傑利．薄樂斯（Jerry Porras）在他們的著作《基業長青》（*Built to Last*）[83]中提出，長期能成功的公司，在它們隨市場環境變化調整商業策略與作法的同時，會擁有一個相對固定的願景。簡單來說，一個好的願景由兩個關鍵組成：核心思想與預想的未來。

核心思想包括：

- 核心價值或基本原則。是創辦人即使為了策略目標也不會違反的價值
- 核心目的，也就是公司如何改善其運作的世界或生態系統

預想的未來包括：

願景的組成

- 偉大、驚險、大膽的目標（Big Hairy Audacious Goal，簡稱BHAG），是公司的挑戰性目標的大膽聲明
- 生動描述，是公司隨著時間演變會變成的樣子

由於這樣的動態過程，策略更像是一套航行指令。即使航行指令沒有指定特定的路線，但它們仍會帶你走向目的地。事實上，迎接新創公司成功的天堂島，就是激勵船長與船員的動力。然而，全體船員並不是跟著準備好的地圖走，而是需要去尋找可能影響船到達夢想目的地的事：

- 風速變化（市場成長）
- 水流（客戶偏好的變化）
- 暴風雨（競爭對手、技術變化）
- 冰山（隱性債務）

策略是一個不斷變化與適應的過程，船上所有人都在持續調整，以維持向目標邁進。

我們在本書中一直關注的幾間新創公司，提供一系列非常有趣的模式，能說明它們在調整企業策略來滿足市場需求的同時，仍忠於願景。

光譜的一端是 Reddit 的史蒂夫．霍夫曼與亞歷克西斯．奧漢尼安。他們曾經有一個有趣構想，是做一款名為 My Mobile Menu 的 APP。當他們加入 Y Combinator 並接受潛在投資者的回饋時，他們轉向一個看似完全不同的概念。但是，利用技術提供連結是這兩個創業點子的核心目的。加入 Y Combinator 後，「生動描述」發生了顯著的改變，從利用食物連接人們與食物，變成利用想法把志同道合的人們連接在一起。

千詩碧可蠟燭公司的徐梅，跟 Airbnb 的喬．傑比亞與布萊恩．切斯基位在光譜的中間。徐梅嘗試了好幾種產品類別，但是把時尚帶進居家產品，始終是他們公司所有人的核心目的。

Airbnb 利用空床把人們跟旅行者連接的核心目的始終如一。然而，隨著情境改變，習慣的目標市場也變了，當公司創辦人意識到，它需要提供服務來幫助客戶出租他們的睡覺空間時，Airbnb 的生動描述也隨之演變。

Clif Bar 的蓋瑞．艾瑞克森有過一些錯誤的創業，他把家人的烹飪才華跟食物創業相結合。事實上，核心目的從簡單的家庭靈感食品（披薩餃），轉變成為運動員長時間冒險活動提供能量。它也把家庭與食物的核心價值，納入新產品與追求冒險時食用的能量棒市場。

TRX的藍迪・海崔克是位在光譜的另一端。供運動員鍛鍊的柔術帶和降落傘織帶產品的最初靈感，至今仍然是公司的核心目的。然而，生動的描述已經從事務型的懸吊訓練帶，變成以技術型的健身夥伴。

可能很難用強而有力的方式去描述和清楚的表達願景。Gimlet Media的艾力克斯・布朗伯格在向值得信賴的顧問和潛在投資者麥特・馬茲奧（Matt Mazzeo）分享他對American Podcasting Corporation最初的願景時，其實感到失望——甚至覺得洩氣。馬茲奧回應，布朗伯格的願景必須更有抱負。布朗伯格認真思考這段對話後，說：「我描述我做過的最大的一件事……但它還是不夠大。」[84]布朗伯格創造偉大內容的願景是很紮實的，但從馬茲奧的角度來看，如果沒有技術的結合，就很難將其規模化。在引入合作夥伴馬修・利伯後，生動描述拓展到媒體平台，並成為Gimlet Media，布朗伯格也確實從馬茲奧與合作夥伴克里斯・薩卡身上獲得資金。

根據市場和投資者的回饋，為了適應環境進行**戰略轉向**或調整策略的方法很多。創辦人必須確定哪些組成部分，是新創公司橫渡各個危險的海域時，依然能指引它們的「北極星」[85]。對大多數創辦人來說，擁有正確的願景是一項挑戰，但這對於在冰山周圍航行並通過冰山是不可或缺的。

從願景到不確定

我們對策略的定義，承認了不確定性的核心作用。創業基本上是一種橫渡不確定性的艱難嘗試。事實上，我們認為一個創業家主要的工作不是發明產品、尋找客戶、募集資金、或建立一個團隊——但當然肯定包括上述所有事情。相反的，創業家的根本任務是有系統的橫渡這些不同海洋中的**不確定性**。了解不確定性的主要來源，也了解隱性債務海洋之間彼此如何互相影響，是新創公司的策略與成功的關鍵。

了解**不確定性**的重要環節之一是，辨別它與**風險**有何不同。這點特別重要，因為許多人經常將創業貼上「有風險的商業行為」的標籤。風險是機率性的，在以風險為基礎的情況下，結果的範圍和機率分布基本上是已知的。想一想骰子或紙牌遊戲，擲兩顆骰子的排列組合就那些，而且我們大部分的人都知道，擲出七點（三和四、二和五、或一和六）的機率比擲出兩點（兩個一點）更高。因此，以風險為基礎的情況，會計算涉及風險與這些機率條件下的報酬。儘管普遍觀點認為，創業家擁抱風險或願意承擔風險，但大量研究表明，事實並非如此。創業家去拉斯維加斯賭博的可能性不比一般人高。

不確定性是另一回事（參考方框）。[86] 在不確定的情況下，結果的範圍和機率的分布基本上都是未知的。如果新創公司失敗，會損失多少時間和金錢？如果這間新創公司成為**蹬**

羚（**gazelle**）或**獨角獸**（**unicorn**，高成長性且非常成功新創公司），上市而且非常成功，那麼它的價值會是多少？為了取得成功，創辦人會放棄多少**股權**？實現每個階層的表現的可能性有多大，從最壞到最好的情況是如何？這些都是創辦人沒辦法回答的問題，除非他們參與這場商業活動並努力去做。

大腦與不確定性[87]

根據研究，大腦處理風險與不確定性的區域不同。具體來說，用來進行抽象思考、高級認知，以及執行控制的前額葉皮質（prefrontal cortex，簡稱ＰＦＣ），在不確定的情況下會更活躍。大腦的ＰＦＣ區域有助於建構當前環境下的行為規則，同時也能決定什麼是適當的下一步。不確定性會刺激左右兩邊的大腦。因此，不確定性下的決定，會結合認知與情緒兩方面的反應。

在另一方面，冒險的決定只涉及左側的頂葉皮質（parietal cortex）。大腦的這個區域與尋找報酬有關，它會透過更理性的方式去追蹤與評估當前的選擇。一個人是否會根據可能的損失與可能的獲利，來看待一個有風險的選擇的可能結果，會讓決策變得複雜化。大部分的人在看到損失（你可能會失去一切）與獲利（你可能賺二十倍的錢）的結果時，就不太可能去從事有風險的行為。後續的研究也利用功能性磁振造影（functional magnetic resonance imaging，簡稱ｆＭＲＩ），得到有關大腦活動在風險與不確定性情況下的有趣發現。

波士頓啤酒公司創辦人吉姆．庫克（Jim Koch），對類似主題提出不同的術語。蓋伊．拉斯（Guy Raz）在《我的創業歷程》（*How I Built This*）節目上採訪他時，他以從事令人恐懼的活動跟危險的活動來做對比。[88]他說，恐懼是某種讓你覺得帶來極大挑戰，且讓你心跳加速的東西，就像在陡峭懸崖用繩索垂降。有了繩索和適當的支撐，它雖然相當可怕——但其實不會非常危險。另一方面，春天時在浮冰上健行看似很平靜，也不會造成腎上腺素分泌，但融冰的不穩定性是非常危險的。

有時候，創業是既可怕又危險的。它牽涉到（最終）要放棄正職工作，從事很可能會失敗的新工作的慎重決定。這是令人恐懼的事。繼續做你的辦公室工作，保持沉默，靜候每個月的薪水並不可怕。但是，這些事可能是危險的——也可能一輩子困住你。

如果你打算做一些攀岩或繩索垂降的可怕事情，你應該熟悉你所使用的工具，才能安全的上升或下降，並降低危險性。你也應該知道，在你旅程中的每一個階段，可能會遇到的特定危險與風險。接下來，我們會逐步說明，在整本書所說企業的不同階段——未創造收入、MVP、產品上市與早期成長、產品與商業模式規模化——創辦人必須橫渡的各種不確定性。

不確定性與人力之洋

人力是一間剛起步的新創公司的最重要資源之一。然而，當創辦人橫渡不確定性時，讓其他人參與很可能會在發展的不同階段，產生不同的債務類型。以下是不確定性在人力之洋中的典型發展。

未創造收入階段

- **我有一個構想，而且我充滿熱情。**成功的新創公司通常是從一個人或兩個人，很熱衷於解決一個問題而開始的。第一步是對產品或服務的樣子有核心想法。有時候，想法會「靈光乍現」。不過，有時候想法是浮現後經過漸進式的演變而產生的，這個過程可能需要好幾個月或好幾年的時間——史蒂芬・強森（Steven Johnson）在他傑出的著作《我們如何走到今天》（*How We Got to Now*）中，稱之為「慢直覺」（slow hunch）。
- **我有其他要來幫我開始這件事的人。**這是創辦人債務來臨的時候，但是為了克服多樣性不足和吸引投資者，創辦人需要開始建立一個團隊。
- **我們擁有一些幫助我們的非正式顧問。**下一個階段是開始跟少數幾個反應熱烈、會提供有價值的回饋的人培養關係。如果他們認識投資者或客戶也會有幫助。為了找到合適的顧問，創辦人或許需要跟幾十位潛在顧問會面，但如果他們能嚴格篩選，並將密切合作的顧問身分限制在少數幾人，他們會做得更好。一個小型、多樣化的顧問團隊，能緩解角色與期望的資源不平衡。
- **我們知道有人可以幫助我們建立原型與 MVP。**許多創辦人可能具備 PEP——熱情、經驗以及毅力——去做事，但不具備製作一款APP、開發軟體、或製作實體產品的具體知識。在不產生太多隱性債務或花太多錢的情況下，找到合作夥伴、共同創辦人或供應商是非常重要的。

MVP階段

- **我們可以找到合適的人來從事必要的任務**。當新創公司進入MVP階段、跟第一批客戶成交、培養投資者關係後，創辦人就需要開始從事專業化經營，確保團隊可以處理取得進展所需的重要任務。

注意！在這個階段，依然以「我」提及新創公司的創辦人，就是還沒有採用團隊的作法！

- **我們具備或能夠取得關鍵領域的專業知識**。當新創公司開始受到市場歡迎，它將需要更多專業領域的人來創造、銷售、運送、以及服務客戶。在這個階段，平衡早期階段員工與外部資源是很有挑戰性的，但卻是必要的。

產品上市與早期成長階段

- **我們有創始團隊。**到現在為止，或甚至在更早的過程中，核心創始團隊應該已經確定。回憶一下 3 H's——駭客（技術）、皮條客（銷售）以及文青（夢想家）。或許兩個人就能滿足這些角色，但很少只有一個人就能滿足。另外，也需要在兩種角色上取得平衡，一個是面對外部的夢想家，或者說是「新創公司的外表」，他們會立定遠大的志向，然後銷售這些概念，另一個是專注於內部的擁護者，他們致力於完成工作，了解現金流量，建立可規模化的流程。
- **我們有顧問。**現階段應該把非正式的熟人與知己團隊變成一個顧問委員會。

導航計畫：請務必在你把顧問納入正式的顧問委員會之前，先徵求他們的同意，並對職責、時間需求、接下來的步驟設定期望。

- **我們有員工。**當新創公司需要發展到核心創始團隊之外時，它就需要開始雇用員工。在此階段儘量把員工債務降到最低是很重要的，但建立一個靈活的員工基礎是必要的。

產品與商業模式規模化階段

- **我們有投資者。**大部分進入這個階段的高潛力新創公司，將會需要外部資金來源才能繼續成長。
- **我們有董事會。**當外部資金進入新創公司，就是正式成立董事會的時候了。通常董事會由五個人組成，包含其中一位創辦人、兩位「外部」董事（他們是財力雄厚能支持未來成長的投資者／顧問），以及兩位「局內人」（新創公司與創辦人的知己）。

不確定性與行銷之洋

一旦創辦人（們）擁有堅實的核心想法，跟潛在客戶與使用者交談以獲得早期回饋，就變得非常重要。以下是橫渡行銷之洋中不確定性的一些步驟。

未創造收入階段

- **我們曾跟一些潛在使用者進行交談過。**在開始進行最初的設計與開發，及相關成本與技術債務發生之前，創辦人應該至少與一位使用者交談，以驗證最初的想法。

- 我們跟好幾位使用者交談過。在新創公司開始開發原型時，擴大回饋來源是很重要的。理想情況下，回饋來源會包括一些熟人，而不只是朋友與家人！請尋求故意唱反調的人與反對者的意見。
- **我們跟使用者分享了實體模型**。在做出MVP之前，務必跟潛在客戶分享設計、草圖、原型、或線框圖。

MVP階段

- **我們有一位試用的客戶（免費）**。當MVP開發好之後，把它交到潛在使用者手中。看看他們如何使用它、毀損它，以及對它有什麼困惑等。
- **我們有一位付費的客戶**。MVP與早期回饋都是好的，但除非有人付費買這個產品，否則新創公司不會獲得真正的驗證。大多數人會在不需要付費時去下載一款APP、試用一款樣品、或測試一項新產品，尤其是朋友或家人。但是，投資者會努力尋找付費使用者，創辦人也應該如此。這能區分出是有潛力的漂亮小帆船，還是駛向海底的有裂縫的划艇。
- **我們了解客戶實際上如何使用產品／服務**。如同前述，克雷・克里斯汀生將此描述為，了解你的產品為使用者所做的工作。讓人們使用你的產品且為它買單是不夠的——為了能夠持續改進，你必須對於他們如何使用它，以及為什麼使用它有更深入的了解。

- **我們了解並且能夠傳達我們的價值主張。**從上一步的觀察來看，新創公司如果能清楚的表達其目標市場區隔的價值主張，就能處於更有利的定位。

產品上市與早期成長階段

- **我們有一些付費使用者！**這是一個具有重大意義的難關，如果企業想進入規模化階段，達成這個難關是關鍵。擁有一些客戶，可以讓你觀察到不同的客戶如何以不同方式使用產品，並了解他們看待產品價值的不同方式。這些觀察可能會因為不同使用者，產生不同價值主張的案例或虛構故事。但是，如果每個客戶使用產品的用途都不同，就幾乎沒辦法有效的行銷新創公司，也沒辦法將商業活動規模化。
- **我們能分辨與了解客戶市場區隔。**這些早期的使用者案例應該導出客戶市場區隔。是否有一群客戶有很高的產品需求，以及是否有一群以同樣方式使用產品的客戶？如果有的話，新創公司可以用類似的方式向他們行銷，而不必單獨向每一位客戶行銷。更棒的是，是否有好幾個市場區隔（同一個區隔中的客戶有類似的需求，每個不同區隔之間有不同的需求）？這麼一來，新創公司可以利用漸進式拓展計畫，一次聚焦與鎖定一個市場區隔，以達效率最大化。

- **我們可以銷售、運送、安裝、培訓，以及維護產品，好讓它為我們的客戶服務**。為了有效的擴大規模，新創公司接下來需要能夠有條理的，繪製出整個客戶旅程的地圖——從行銷漏斗的開放式互動，到安裝與持續的關係。何時、何地進行銷售到服務的切換呢？新創公司如何「向上銷售」（upsell）或擴大利用現有的客戶？什麼是續約率，以及如何提高顧客終身價值？
- **我們有懂得向客戶銷售產品的人**。在某些時候，創辦人職責必須開始專業化。擴大新創公司與克服行銷債務，需要有真正知道如何與客戶保持密切關係的人。一開始，許多創辦人能透過關係與人脈越來越受市場歡迎，並在他們自己的後院賣產品給客戶。然而，為了規模化和取得發展資金，有銷售經驗的人必須有能力向完全陌生的人進行銷售。
- **我們可以利用干擾式行銷，有系統性的導入潛在客戶**。正如在行銷之洋一章中指出，把潛在客戶引導到行銷和銷售漏斗中是非常重要的。無論是透過電子郵件、電話、會議、或其他延伸服務，找出如何鎖定和吸引新潛在客戶，是擴大規模的關鍵。

產品與商業模式規模化階段

- **我們能夠使用集客式行銷去擴大銷售規模。**在這個階段，集客式策略必須補足已經很有效的干擾式成果。誰正在尋找公司所提供的產品，或是誰身上有公司正在解決的問題？他們使用哪些搜尋關鍵字，新創公司又該如何出現在搜尋結果的第一頁？誰是這個市場的關鍵影響者，新創公司該如何把他們變成擁護者？現在，新創公司可以制定一個全面性的數位行銷策略。
- **我們了解行銷漏斗，也知道如何讓潛在客戶進入並通過行銷漏斗。**下一步是系統化集客式與干擾式行銷活動，並讓行銷與銷售互相配合，將流量導入漏斗並通過它。具備量化與複製這個過程的能力，包含了解獲客成本（customer acquisition cost）與客戶終生價值，是未來成長與永續發展的關鍵。
- **我們有多位可以向客戶銷售的人。**一個好的（甚至是非常棒的）銷售人員很重要，對新創公司來說也會有很大的好處。但是，必須有人有能力挑選出新的銷售人員，讓他們順利任職並培訓他們去複製這個過程。為了有效的擴大規模，這個人必須為銷售過程制定「教戰手冊」，並在多位銷售人員身上執行，以可重複、可預測的方式，為不同客戶類型或地理區域提供服務。

不確定性與技術之洋

同樣的，產品／服務會因為各種問題的不確定性，隨著時間而逐漸演變。以下是在技術層面減少不確定性的典型過程。

未創造收入階段

● **我有一個構想**。幾乎所有的新創公司都是從一個構想開始——無論是來自靈機一動的點子（像海崔克與TRX），或是來自多年的特定挑戰經驗的慢直覺（譬如長途騎自行車時為身體補充能量，就像艾瑞克森與Clif Bars）。有時候，這種點子是源自問題——「騎自行車時，我需要美味、健康的能量。」其他時候，它可能是源於尋找一個問題的解決方案——「也許我可以向來參加設計研討會的人，出售一晚我的氣墊床。」無論它是如何開始，它都是從一個構想開始的。

- **我們有一個原型**。構想必須成為具體的東西——無論這樣東西是一系列沒有包裝的能量棒樣品；一個使用者可以掛在門上使用的簡單、粗糙的健身訓練帶；或是幾張展示可能的功能的投影片。在軟體產品方面，這個東西可能是線框圖——和客戶一起審查的實體模型。無論創辦人選擇什麼方式，這個點子必須從餐巾紙上，變成一個可以向客戶和其他人展示的簡單模型。

MVP階段

- **我們有以MVP的形式呈現的某個具體東西**。當新創公司從原型，變成客戶可以提供回饋的最小功能集時——且理想情況下，願意為此買單，那麼新創公司就到達MVP階段了。
- **我們已經證明我們的概念**。當MVP在使用者手上，就會開始產生回饋。此時，創辦人會開始發展產品或服務協助客戶工作的真實感想。此外，創辦人也會建立客戶從解決方案中得到的結果或好處——以及他們如何毀損它——的一些相關訊息。
- **我們知道做為一項產品或服務，我們提供的價值主張是什麼**。無論產品是什麼，新創公司早期開發的某些方面，包含了幫助使用者了解它們提供什麼，及如何使用它。

一項產品越陌生、新奇、或具破壞性，早期客戶可能就越需要初次使用的指導。更詳細的內容，參考左頁SaaS的迷思的方框。

產品上市與早期成長階段

- **我們能夠一遍又一遍可靠的製作出相同的產品。**建構原型與MVP是一回事。有能力製作出數百個或數千個同一項產品，是完全不同的挑戰。還記得海崔克／TRX在它們將生產外包時，如何遇到訓練帶的把手壞掉的製造問題嗎？為軟體建立一個夠耐用、夠靈活的代碼庫，來為日益成長的客戶提供服務，也是類似的難題。
- **我們知道我們需要建立哪些部分，以及去哪裡為我們取得其他部分的建立。**在某些時候，新創公司也必須回答典型「製造還是購買」的決定。哪些部分、零件、或服務是新創公司必須「擁有」且由內部提供的，而哪些則是要從別人那裡購買的？庫克／波士頓啤酒公司認為，釀造自己的啤酒其實不是企業的關鍵部分。相反的，釀造方法與品質控制才是關鍵。反觀，石原農場（Stonyfield Farm）創始人蓋瑞·賀許伯格（Gary Hirshberg），設法讓他的公司生產自己所有的產品，因此造成幾乎讓這間新創公司倒閉的技術債務冰山。

產品與商業模式規模化階段

- **我們可以做出產品，並以超過它製作成本的價格賣出！**能夠可靠的規模化只是等式的一部分。了解每單位成本是多少，且能夠以高於此的價格把產品賣給客戶，對於永續發展而言是非常重要的。理想情況下，銷售價格也會包含獲客成本。
- **我們需要計劃接下來產品／服務的延伸，以增加收入。**團隊還沒有任務完成。為了繼續發展，新創公司需要思考接下來的事情。可以開發哪些額外的產品或服務？企業如何運用知識與數據保持競爭優勢？

軟體即服務（Software as a Service，簡稱 SaaS）的迷思

投資者與科技創業家很喜愛 SaaS 模式。它們可以規模化、具獲利性，而且受到全球**天使投資人**圈子與創投的大力追捧。然而，事實是每間科技新創公司都是軟體與服務結合。首先，SaaS 的確應該是「軟體與服務」。

其次，雖然大多數新創公司認為代表「軟體」的S，是企業的驅動因素——但實際上，當企業所提供的服務越新奇或越具破壞性，就有更多客戶或使用者需要協助，才能了解其價值。以Airbnb為例，在Airbnb真正開始看到大量的訂房之前，它必須帶著可靠的用戶基礎親自在紐約拜訪，幫助他們拍照，行銷他們的房子。所以在早期，它更像是SaaS企業，直到新創公司與客戶獲得知識。這對新創公司的策略、人員、資金，以及通常希望能達成的規模化等，都有重要的影響。長時間下來，新創公司可能會成為一個SaaS、或甚至是SaaS公司——但這可能需要好幾年。

注意！在考慮投資SaaS企業時，要深入研究服務方面——如何安裝、維護，以及獲得有意義的使用者採用。

不確定性與創業資金

金融負債的組成通常不是「隱性的」，在冰山的比喻中是浮在水面上的。然而，從策略的角度來看，資金是新創公司的命脈，它能讓新創公司在上述方面取得進展，所以創業家與投資者，需要將其視為完整統一的企業策略的一部分。以下是減少財務方面的不確定性的過程。

未創造收入階段

- **我沒有開銷，但存了一些錢。**即使是最精簡的新創公司，也會面臨一些成本。至少，從GoDaddy購買網域名稱一年可能要花費十九・九九美元。成立公司與簽訂經營協議書的法律費用，約為兩千美元～五千美元。在準備創業時，創辦人即使沒有辭掉正職工作，也建議最好為雜項費用存一些錢。
- **我能夠做出原型。**大部分新創公司都是從一位創辦人和一個以上的銀行帳戶演變而來。要做出原型可能需要創辦人的一些銀行賬戶，甚至是信用卡，此處的成本差異化非常大。理想情況是，新創公司在沒有天使投資人、機構或其他來源的外部資金的情況下建構原型。請記住，它可以只是線框圖或投影片。

MVP階段

- **我們已經盡我們所能的投入一切，並擁有一個MVP（對精簡但有功能的軟體來說，這可能已是高達五萬美元的投資）。**無論是在這個階段或不久後的階段，新創公司也許需要創辦人私人儲蓄以外的額外資金。除非創始團隊中具備良好的寫程式能力，否則要為一款APP做出可靠的MVP會需要一些外部資金。
- **我們已經跟朋友和家人洽談過，並且獲得了另一筆資金挹注。**在此階段，一位或多位創辦人可能已經辭掉他們的正職工作，所以少量的薪水是無可非議的。額外的成本開始從銷售與行銷費用、額外的產品開發、一個好的網站等方面增加。外部投資者希望創辦人從**朋友與家人**那裡募集一些資金。在這個階段，個別天使投資人或當地的小型天使投資圈，也可能是部分資金來源。

導航計畫：是的，要向朋友和家人開口要錢很困難，但更難的是，告訴投資者你的新創公司風險太大，所以你不能向朋友和家人要錢！如果你相信你的新創公司的潛力，就讓家人和朋友了解這個機會，但也向他們充分揭露風險，讓他們知道他們可能會失去所有投入的錢。然而，當之後你非常成功時，如果他們沒有從一開始就參與投資，他們可能會很不高興。

- **我們有一些（不多的）收入**。來自客戶的第一筆帳單看起來棒極了，這是有力驗證新創公司成功的跡象。隨著收入與投資者資金的流入，財務開始變得更複雜。現在也許是時候與會計師事務所或委外財務長簽約，以改善金錢管理的狀況了。在此階段，創辦人也應該做出策略決策，決定募集外部資金更好，或是利用來自收入的資金，把那些時間花在客戶銷售與成長上更可行。鎖定大額投資者的資金與**創投**是很吸引人的事，但這並非是一定有必要或值得擁有的。

導航計畫：募集外部資金不一定是合適的。在接受外部資金之前，先向業師或顧問諮詢，因為外部資金會推動許多重要策略決策，但同時也會帶來與決策自身相關的隱性與可見的債務。

產品上市與早期成長階段

- **我們已經募集到我們的第一筆外部資金**。有了幾位客戶與收入、概念的驗證，以及一些真正的抓客力，新創公司或許準備好迎接更大一輪的天使與機構投資者了。但請謹記來自人力之洋的投資者債務的挑戰，並把尋求策略性關係放在心上，而不要只想到錢（儘管資金對建立團隊、行銷工作，以及開發產品來說是必要的）。

- **我們可以看見一條走向獲利的路。**當每個月收入高於支出而帶來更多錢時，就是規劃一條可信的路，讓現金流轉正的時候了。發展中的新創公司或許會選擇在行銷、銷售團隊、產品開發方面投入更多，而不是展現獲利能力——但這並不代表，如果新創公司選擇不從投資者身上募集一毛錢，就沒辦法規劃出一條能獲利的路。

產品與商業模式規模化階段

- **我們已經募集到更大量的資金。**如果合適的話，**高成長**新創公司可能會募集額外的資金。在這個階段，創業家與投資者通常稱這些資金為 **A 輪融資（A round）**。供新創公司額外成長的 A 輪融資資金，可能達兩百萬美元～五百萬美元。
- **我們的現金流是正的。**在某些時候，新創公司應該展示獲利——而不只是有能力規劃一條通往獲利的路。雖然也有一些尚未展示獲利能力的成功企業的例子，某些案例甚至尚未展示營收模式，但它們的壽命往往是有限的。

如你所見，不確定性不會隨著新創公司的成長而消失——但不確定性的性質與它出現的形式，會隨著時間的變化在隱性債務的每個海洋中產生變化。你可以把它視為一系列需要解決的限制，如同方框中的詳細描述。

高德拉特（Goldratt）的限制理論[89]

針對系統化的管理不確定性，有一種思考方式是，你在處理限制與瓶頸。在每一個階段，新創公司會從一個限制進入另一個限制。而找出當下的限制並克服它，是創辦人的主要任務。這讓我想起高德拉特在瓶頸問題上的工作成果，即為人所知的「限制理論」。這個理論的本質是，組織是系統而不是過程，因此需要有系統性的找出公司與其目標之間的限制因素。

策略與不確定性是創辦人的創業之旅中不可或缺的同伴。現在，你已經對這些概念在創業之旅的不同階段所代表的涵義，有更深入的了解，就讓我們繼續往下認識策略之洋中的海與冰山吧。

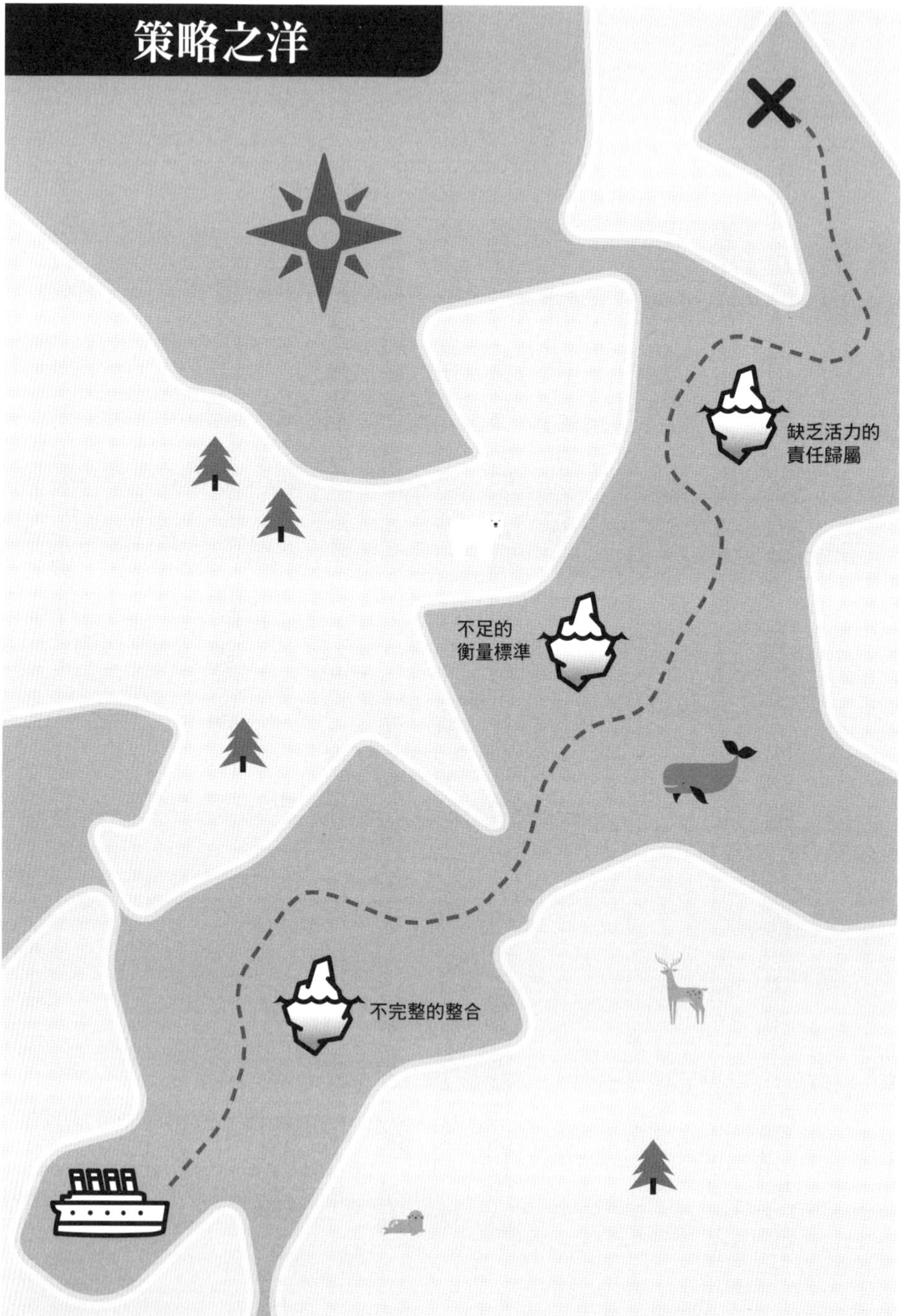
策略之洋
缺乏活力的
責任歸屬
不足的
衡量標準
不完整的整合

第七章

策略之洋

「如果你不知道你想去哪裡，那麼你走哪條路都不重要。」

——路易斯・卡羅（Lewis Carroll）

「你不可能總是得到你想要的，但如果你不時的嘗試，你也許會發現，你會得到你需要的。」

——滾石樂團（Rolling Stones）

我們已經介紹過隱性人力、行銷、技術債務的關鍵層面，當作三大海洋的導航。但是，只把它們看成三個單獨的海洋來討論，會忽略它們之間關係的重要性。若要橫渡這些海洋中的**不確定性**，就需要成為協調一致的部分組織活動。前一章已經介紹過一些**策略**的核心概念。本章會詳細介紹策略之洋中的海與債務冰山，並提供橫渡這些海的一些工具。如同所有核心海洋章節一樣，在本章節中，我們也穿插白星航運與鐵達尼號長期的策略變化。

策略之洋與鐵達尼號

最初，白星航運把重心放在前往澳洲的快速帆船之旅。經過一段時間後，營運模式變成鐵製蒸汽船與前往美國。競爭因素驅使策略從速度變成以規模當作差異化，包含延伸出的奢華與高貴。財務問題與投資者（中斷昔日合作關係，並建立新的合作關係）促成策略上的改變。資金、投資者偏好，以及競爭者都是策略之洋中常見的挑戰。

這些改變迫使白星航運必須找出或開發新技術，而這些技術不一定有效。請記住，鐵製船體對指南針的干擾，導致皇家郵輪泰勒號沉船。雖然鐵達尼號有電報，但在那個災難性的夜晚，船員沒能適當的處理冰山的電報警告。新技術的債務、人力資本的缺乏，以及建造和操作鐵達尼號所需技能的缺乏，顯然促成了它的滅亡。此外，從速度到規模與奢華的策略改變行動，造成行銷方面相當大的債務，使公司的資源與安全運作的能力被壓縮。

總之，許多人力、技術、行銷債務都是源於策略方向的改變，還有技術（技術之洋）、人（人力之洋）、客戶目標（行銷之洋）之間的相互影響。

新創公司的策略債務

另一間在策略之洋中展示冰山的公司是Theranos。如果Webvan代表二〇〇〇年的科技泡沫，Theranos則是一間十五年後倒閉的生命科學**新創公司**的範例。Theranos是伊麗莎白．霍姆斯（Elizabeth Holmes）的智慧結晶，她是史丹佛大學的學生，在二〇〇三年輟學去追求她的創業夢，當時她才十九歲。[90] 最後，她利用只需幾滴血就能進行的血液檢驗，提出一個打破醫學檢驗的概念。從理論上來說，這可以鼓勵更多人去做檢查，更符合成本效益，也能更快提供結果。在Theranos發展最好的時期，它的價值超過九十億美元，其中包含從投資者身上募集的四億美元。然而，由於人力、行銷、技術債務之間的相互影響，滋滋作響的聲音顯然令牛排黯然失色，Theranos的崇高地位很短暫。

在人力方面，Theranos有令人羨慕的董事會與顧問團，包含美國前國務卿亨利．季辛吉（Henry Kissinger）、軟體巨頭甲骨文（Oracle）的創辦人賴瑞．艾里森（Larry Ellison）、前參議院多數黨領袖比爾．弗利斯特（Bill Frist）。不幸的是，沒有一個主要投資者或顧問有生命科學新創公司的經驗，或符合美國食品藥品管理局（FDA）的監管要求。對一間顛覆性的醫療檢驗公司來說，這種經驗是非常重要的！霍姆斯本身接受過一些商業培訓，但沒接受過有用的醫療培訓。不久之後，由於缺乏**概念的驗證**，於是不再抱有幻想的一些早期前員工變成告密者，向監管機構發出關注這項技術的警訊。創辦人、投資人／顧問，以及員工冰山，在人力之洋中大量湧現。

在行銷方面，Therano 成功培養了**通路合作夥伴**，來銷售它的「黑盒子」技術。包含 Walgreens 與 Safeway 等知名公司，由於都急於將醫療服務範圍擴大到藥品與流感疫苗外，因此簽訂合作協議，將 Theranos 的技術帶給消費者。舉例來說，Safeway 公司在此合作關係中投資約三億五千美元，並於二〇一三年在三百多間商店內設立門診部。到了二〇一五年十一月，因為 Theranos 沒有做到承諾的里程碑，Safeway 終止這項合作關係。[91] 在這個例子當中，合作關係是在產品開發具備完整的概念驗證之前形成的。Theranos 把便宜且有效的檢驗承諾當成價值主張，但遠超過了它能夠確實兌現的範圍。於是當這些不足之處曝光時，合作對象迅速撤回與 Theranos 的合作關係。

從核心來看，Theranos 最大的失敗根源是它遇到的技術冰山。驗證與開發是新創公司長期不能忽視、或不能不徹底解決的冰山。雖然從長期來看，血液檢驗的顯微技術這個構想也許是有價值、有前景的，但 Theranos 沒有透過典型的同儕審查過程，證明其技術的有效性。它沒有具備科學上有效、可規模化的概念驗證。當新創公司的承諾遇上科學的嚴謹性時，這項技術就沒辦法維持了。

從不同的軌跡來看，Theranos 也許已經證明霍姆斯與投資者是正確的。它或許已經徹底改變醫學檢驗。如果公司在急著募集大筆投資，與獲得重要的通路合作夥伴之前，就先對其技術進行嚴格的驗證，那麼在不久的將來，我們也許都能去 Safeway 或 Walgreens 進行快速的醫療檢驗。然而，人力債務碰撞到與市場債務相鄰的技術債務，這種彈球效應造成不可挽救的傷害。雖然 Theranos 仍然維持適度的測試與營運，但它的市場價值已遠低於其最高時期的10%。此外，在二〇一六年，監管機構禁止霍姆斯至少兩年不能在醫療檢驗機構工作，且隨後在二〇一八年，對於她誤導投資者、合作夥伴，以及客戶的行為，採取進一步的法律行動。

以下各節內容會進一步說明策略之洋中的海，包含：

- **不完整的整合海**——協調船上所有活動
- **不足的衡量標準海**——知道你在哪裡、你要去在哪裡
- **缺乏活力的責任歸屬海**——確保有人負責關鍵任務

Webvan 和 Theranos 帶來的警訊，為我們了解與橫渡這些危險海域奠定基礎。

不完整的整合海

策略的關鍵是跨專業的整合。回顧我們在第六章的定義，願景設定了方向。然而，願景也必須在所有角色與專業之間，與公司代表的日常選擇和行動相連結。創辦人通常會在整合海上遇到兩種漂浮冰山：當一個海洋得到比其他海洋更多的關注時，會造成活動之間的協調性不足與越來越不平衡的組織活動。

協調性不足

活動之間的協調性不足，會造成新創公司不同部門在選擇與行動上的不一致性。舉例來說，在 Webvan 的例子中，建立一個大型倉儲與物流中心，這樣不切實際的成長目標與過度的費用，在邏輯上跟「像 Safeway 超市一樣的低價」是不一致的。行銷之洋中，「像 Whole Foods 一樣的品質」與「像 Safeway 超市一樣的低價」之間的矛盾，很難讓消費者覺得一致並持續支持。

對鐵達尼號來說，其「奢華」的行銷選擇（像是兩層樓高的餐廳）創造設計與安全（隔板高度）方面的技術債務，是人力債務無法克服的（沒有經驗的船員）。新創公司需要具備一套計畫，考慮行銷選擇如何推動技術與人力需求。同樣的，技術發展也會影響到行銷策略、招聘選擇，以及顧問的投入資源。創辦人與員工也必須迎接挑戰，解決技術與行銷方面的不確定性。每一個海洋都會影響其他海洋。新創公司不能忽視它們之間的關聯與交流。

不同海洋之間的協調性，對資金與財務績效也會有重大的影響。例如，對一間軟體新創公司來說，免費提供新軟體的使用，做為吸引新客戶，得到回饋，或者吸引他們買產品的誘因，這種情況並不罕見。

像這樣的試辦計畫可能會持續一週、一個月、或甚至幾個月。這些免費的試辦計畫能有助於新創公司，在把MVP擴大到可銷售、可規模化的平台的開發方面，避開技術冰山。然而，它們仍然需要人去執行與服務客戶，而且沒有收入可以抵銷這些費用。客戶通常長達六十天到九十天不會付錢的事實，會加劇這個問題。聰明或必要的行銷戰術，也可能會帶來資金消耗的結果。此外，它會引起更大的募資需求，尤其是在新創公司擴大規模時。為銷售、支援、產品開發招募人員，通常會比收入來得更早。免費試辦計畫會加劇這些挑戰。一個健全的整合策略與橫跨海洋之間的協調性，能有助於繞過這座冰山，並為投資者與其他人設定適當的期望。

導航計畫：在一個免費體驗結束後，應該要讓客戶「主動退出」持續付費，而不是「主動加入」。若要主動加入，可能需要一套全新的核准流程。

組織活動不平衡

整合工作一方面包含不同海洋之間的協調性——另一方面則是不同階段的相對焦點。Theranos 是組織活動不平衡的一個好例子。行銷與募資功能（行銷與人力之洋）均遙遙領先於產品開發（技術之洋）。Theranos 早早就開始銷售它可能無法實現的產品。Webvan 則是面臨相反的挑戰——它在證明價值主張與目標市場（行銷之洋）之前，就在技術與基礎設施方面建立大型中心且進行大量投資（技術之洋），部分原因是缺乏產業深厚知識的人力冰山（人力之洋）。

造成組織活動不平衡的一項原因是，多樣性不足的冰山漂浮在海上。具備技術背景的創業家，幾乎完全專注於產品與解決技術上的不確定性，但在發掘客戶、建立團隊、獲得顧問，以及為募資建立人脈等方面沒有相稱的付出，這是很常見的情況。同樣的，擁有銷售或行銷背景的創辦人，會傾向於在證明他們能夠可靠的做出產品、使生產規模化之前，就先開始銷售產品。

導航計畫：擴大創始團隊和／或顧問的經驗與職能範圍，可以幫助新創公司橫渡組織活動不平衡的冰山。

從視覺上來看，思考關於成長的同心圓是很有幫助的，它反映了解決前一章討論的不確定性的各種步驟。策略冰山的種類與大小，在每一個成長階段可能會有所不同。在成立階段，新創公司可能只是一位創辦人與一個創業點子，沒有客戶，也沒有資金。從視覺上看，它看起來可能像下圖。

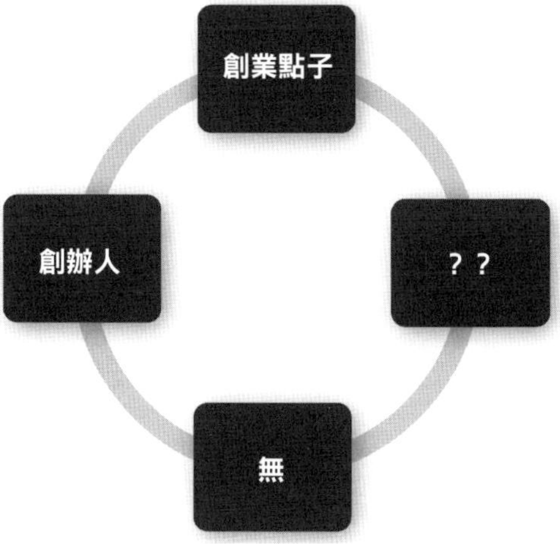

未創造收入階段：新創公司成長因素的第一階層

在下一個階段，新創公司已經開始建立團隊、開發MVP、吸引客戶以驗證概念，但基本上可能是自籌資金或借助**朋友與家人**的支持，看起來就像左上圖。

隨著新創公司進一步根據市場回饋製作產品、開發規模化基礎、獲得多位付費客戶，以及聘請多位正式的顧問——甚至雇用第一批員工，也許就是時候尋求外部資金了。左下圖代表此階段的發展。

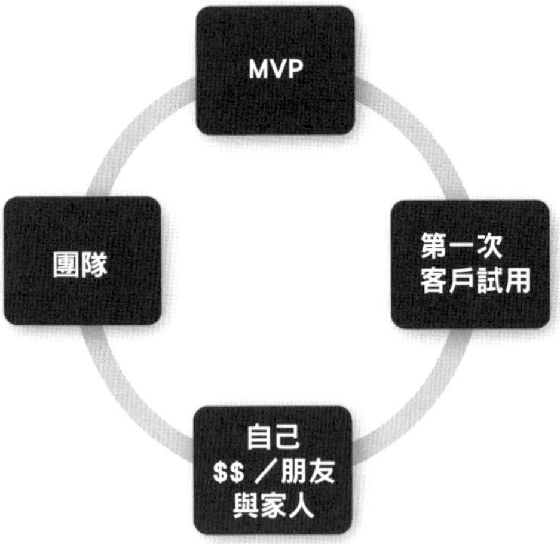

MVP 階段：新創公司成長因素的第二階層

產品上市與早期成長階段：新創公司成長因素的第三階層

在經歷這三個階段以後，新創公司通常會進入產品與商業模式規模化階段。當不同海洋之間幾乎不具協調性時，或是公司的這些海洋處於非常不同的發展階段，那麼整合海就會對新創公司造成威脅。新創公司在其組織活動上會變得非常不平衡，因此不可能到達產品與商業模式規模化階段。

不足的衡量標準海

很多人都知道，「你無法管理你不能衡量的東西」這句話或類似意思的話，這句話常被（錯誤的）認為是出自管理思想領袖彼得．杜拉克（Peter Drucker），或品質改善大師愛德華．戴明（Edward Deming）。一旦創辦人脫離計畫並進入產品上市模式，避免冰山並且有系統性的橫渡不確定性，就會變成一種耗費全部心思的工作。通常，發展中的策略性指標會被丟在一旁。然而，一艘不監測風、天氣、潮汐，以及位置的船，在危險的海域中不會航行得很順利。知道今天處於什麼位置，以及如何朝明天的目的地前進，是新創公司的必要活動。把這些目標寫在紙上並長期追蹤績效指標，對於贏得投資者與顧問的支持來說，也變得越來越重要。

羅伯．柯普朗（Robert Kaplan）與大衛．諾頓（David Norton）一九九六年所出版的《平衡計分卡》（*The Balanced Scorecard*），提出衡量企業層面的策略性指標的基礎。[92]平衡計分卡的論點是，雖然財務指標很重要，但它們是公司表現的**落後指標**（**lagging indicators**）。財務指標都是已經發生的其他重要行動與活動的結果，企業應該直接衡量那些重要行動與活動（**領先指標，leading indicators**）。這些領先指標驅動著公司未來的表現。簡單來說，平衡計分卡工具額外提出三個觀點，它們是驅動公司表現的領先指標，如下圖示。

1. **客戶觀點**：客戶如何看待公司及其產品？
2. **內部觀點**：一間公司要創造與保持競爭優勢，必須擅長什麼？
3. **創新與學習觀點**：企業如何持續改善與創造價值？

雖然新創公司與成長階段**風險企業**在短期與長期

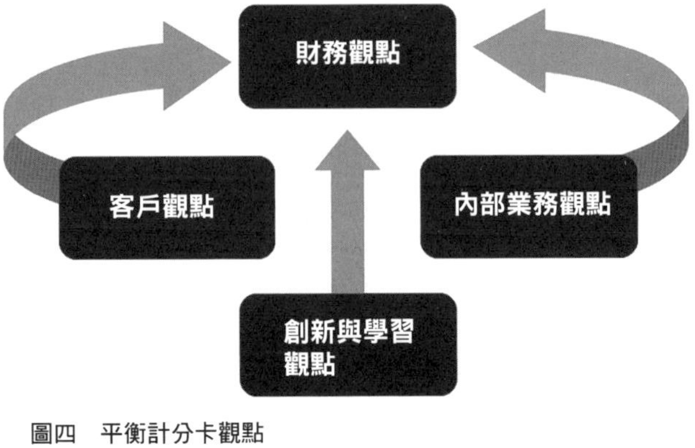

圖四　平衡計分卡觀點

表現方面，跟財星五百大企業使用的具體指標可能有所不同，但平衡計分卡工具為所有公司提供一些良好的基本原理與背景。確定關鍵領先與落後指標，然後將它們跟策略性目標建立關聯，是在危險的新創公司海洋中航行的強大、有用的方法。

根據平衡計分卡的精神，每一個**隱性債務**海洋都有一些指標，能反映未來方向與結果。一些例子可能包含：

- **人力之洋指標**：一開始，新創公司的人力資源可能僅限於一位或兩位創辦人。隨著新創公司雇用第一批員工，員工留任與滿意度、企業價值觀與文化的認同、到職流程成功、培訓結果等指標，都能有所幫助。從成立之初，量化顧問委員會的目標（像是人數與組成）、鎖定不同階段的投資者，以及評估合作夥伴的表現就都是很重要的環節。
- **行銷之洋指標**：最初，應該有系統的進行客戶發掘回饋，且不只一人參與。隨著新創公司建立，收集與追蹤網站點擊率、獲客成本、轉換率會是關鍵。最後，規模化的新創公司應該有能力，量化干擾式客戶開發活動的成本與收益、集客式潛在客戶通過行銷漏斗的轉換率、續約率、顧客終身價值的預估，以及其他新創公司和行業的特定指標。

導航計畫：如同在行銷之洋一章所提到的，不應該只有一個人參與客戶回饋的收集，以確保個人偏見不會影響從這些基本訪談中所獲得的經驗教訓。

- **技術之洋指標**：在產品開發與技術之洋方面，技術長的職責應該是負責召回率或故障率、誤差統計、服務停機時間，以及新創公司特定的產品開發與部署目標。
- **財務指標**：如果公司已經把領先指標與財務結果連結在一起，那麼達成財務績效指標應該是順理成章的事。然而，像是現金（銀行裡有多少錢）、**資金消耗率**（**burn rate**，每個月維持運轉的花費），以及資金耗盡日期（新創公司用完現金的時候）等指標，應該是創辦人擺在最首位的。隨著時間的經過，重點會從募集資金轉移到資產負債表（銀行裡有多少），再到合併現金流量與持續的融資（每個月流入與流出多少）。一開始的時候，幾乎沒有現金流可以衡量或管理，但必須在某個時候改變！

注意！一旦新創公司有投資或費用時，至少以一個月或一週為基準，追蹤現金、資金消耗率，以及資金耗盡日期。當資金耗盡日期距離不到六至九個月時，你就需要開始進行下一輪的募資了。

當然，衡量也可能會做過頭。在有關杜拉克／戴明的衡量的「引用」中，經常被忽視的剩餘部分是警告，也就是提醒你不要太全心投入衡量中，以致於什麼事都做不成。「你不會因為一直秤一頭牛的體重，他就因此長胖」是另一種觀點。事實上，對任何規模的組織來說，許多重要因素都是無法衡量的。[93]儘管如此，創辦人也必須制定一項策略，並且把它化為可追蹤的指標，才能成功的推出產品且規模化自己的新創公司，同時也要避開納入太多指標的冰山。

缺乏活力的責任歸屬海

雖然整合海洋和建立指標很重要，但新創公司還要是清楚的界定責任歸屬。誰負責按時達成每個里程碑？一開始，幾乎所有事情的責任都會落在創辦人（們）身上。不過，隨著團隊發展，有些功能性指標的責任歸屬與報告，應該轉移到行銷／業務主管、技術長、以及人力資源主管的肩膀上。財務結果可能會繼續留在創辦人（們）身上。最後，財務長或委外財務職務也許會分擔這些責任。

建立指標是創辦人與公司領導階層應該做的事，或許需要向顧問或投資者諮詢。創辦人與領導團隊也必須對特定的整體企業指標負責——達成銷售目標與資金耗用率、追蹤整體客戶獲取，以及規劃未來的產品與服務。然而，經過一段時間後，更多特定功能的指標必須向領導階層的下一層傳遞。舉例來說，Theranos在實現績效目標方面缺乏責任感，尤其是在技術之洋。似乎只有霍姆斯了解核心技術的績效表現——或者根本沒有。

顧問與投資者可以幫助創辦人對企業層面的績效表現負責。他們還可以提供其他額外指標的洞察，這些是曾對其他新創公司的表現有用、有預測性的指標。除了提供資金燃料讓新創公司前進，顧問與投資者的重要價值是協助建立績效指標，並讓領導團隊對這些指標負責。

橫渡策略債務

在策略之洋和整合、衡量、責任歸屬海中，確定冰山的一些來源後，我們現在把重點放在應對這些挑戰的方法上。

在猶他州一間山區腳踏車診所工作的兩位作者，介紹山區腳踏車的「現在」與「下一步」的概念。當你在山區騎腳踏車時，關注於你現在——緊鄰的環境、踩在腳下的是什麼？如果有需要的話哪裡能擺脫困境？如何避開會絆倒你的岩石或樹根——的位置很重要。想想，在你腳踏車下面的是什麼，以及一到兩秒內出現在你面前的是什麼。然而，下一步也一樣很重要。你還必須不斷的往前方十到二十英尺、或三到六秒會到達的距離掃視，以查看小路的方向是往哪裡，以及馬上可能會出現的障礙是什麼。這種掃視能讓你知道路的方向，這樣一來你就可以做出必要的調整，適當的與自己保持一致。

身為專業的山區腳踏車教練與Trek Women支持者的凱特．諾蘭（Kate Nolan）指出：「我教的其中一課是地形意識——掃描與收集現在和下一步的地形資訊，才能了解如何更有效的在需要技巧的地形上騎車。我們藉由不斷掃描來收集更多山間小路的資訊，並且更適當的作出反應和適應不斷改變的環境。為了能成功在山間小路騎車，你不能只著眼於現在，或者只專注於下一步。最好的腳踏車手會有效的利用現在與下一步，讓騎車變得更可控制、更有效、也更有把握。」

創辦人必須同樣注意現在的選擇和行動，同時也注意新創公司的下一步發展方向。對創辦人來說，「現在」包含他們為了發展要做的當前任務。無論是研究網域名稱的可得性，拜訪潛在客戶，探究顧問的支持，或是實驗早期版本的產品，總是會有非常多創辦人必須承擔的任務。如同一位連續創業者的觀察，「在早期階段，創辦人必須願意倒自己的垃圾。」

注意！測試那些從大公司來的創辦人，確保他們願意且能夠「倒垃圾」，把他們的手弄髒。

大公司的經驗可能很有幫助，但也可能讓創辦人對「現在」視而不見。

堅持於這些更戰術性的活動，是新創公司的成功基礎。想想從我們良好的企業範例中學到的經驗教訓。藍迪・海崔克／TRX花了兩年以上的時間，開車到全美各地拜訪健身中心，展示TRX產品，並且對教練進行培訓，教他們如何安全、熟練的使用產品，以造福運動員。吉姆・庫克／波士頓啤酒公司每天帶著七款冰涼的樣品放在公事包，開車到新英格蘭附近的酒吧與洋酒專賣店，吸引調酒師銷售他的啤酒。徐梅／千詩碧可蠟燭公司為了滿足零售商Target的訂單，在凌晨時用汽車大燈來卸貨成箱的蠟燭。這些創辦人都以他們自己的方式確實的在倒垃圾。

對新創公司來說，「下一步」包含接下來幾天和幾週會發生的事。收集並消化客戶、顧問，以及其他人回饋的規律性，有助於確保新創公司步入正軌。填寫訂單與卸下棧板，必須跟尋找下一位客戶或投資者、設計下一個功能，以及尋找下一位銷售員並重。為了避開不同海洋中的許多冰山，並在不確定性中確定航行方向，需要掃描下一步的一系列冰山。接著，創辦人必須確定橫跨技術、行銷，以及人力領域的步驟，以保持積極進展，並有效的整合這些跨專業的活動。火災肯定會引起立即性的關注——但是有系統性的對下一步進行審查，可以把火災發生降到最低，並確保船在正確的航線上。

我們會加入第三個概念：創辦人必須分配一些時間去導航以建立願景，並了解現在與下一步之後會發生什麼。「如果你不知道你想去哪裡，那麼你選擇哪條路都不重要。」設定方向是帶領新創公司前往充滿希望的天堂島的關鍵。這要從核心目的、BHAG，以及生動的描述的發展與溝通開始。接著，決定產品開發計畫，確定未來招聘需求，密切關注資金消耗的影響，管理關鍵的合作夥伴關係以及建立客戶關係，都是需要投入時間和精力的重要長期活動。至少其中一位創辦人應該每週花半天時間在這些活動上。此外，跟顧問和投資者定期開會，能有助於創辦人從事導航活動，因為這麼做能強迫創辦人向其他人闡明全面性的願景。

創辦人可能會在兩個方向上犯錯，因而累積策略上的債務。有些人會有點過於關注願景，把所有時間都花在凝視著遠方，夢想著他們的顛覆性科技會引起革命。他們甚至可能沒有意識到垃圾桶已經滿了。另一種人則是太專注於日常瑣事，以致於他們不只看不到未來的方向，也看不到新創公司下一個階段的發展。他們一天倒好幾次垃圾，所以垃圾桶總是看起來整潔又乾淨。然而，他們沒有抽出時間和顧問吃午餐，向支持者分享痛苦的緩慢進展。

創辦人必須了解自己的優勢與天生的稟賦，才能避免策略債務。如果她傾向於當一個

「見林」的人，可以輕而易取的把視野放到最大去專注於大局，那麼專注於工作上的共同創辦對她是有益的。她需要花一些時間在細節與雜草上。另一方面，如果一位創辦人喜歡當「見樹」的人，甚至在樹枝上用顯微鏡觀察樹葉，那麼他可能需要強迫自己後退一步，看看大局。他需要練習向其他人解釋整體願景，並從全面性角度看待新創公司、市場，以及未來的發展趨勢——或者找一位能夠這麼做的共同創辦人。

有助於有潛力的創業家以策略角度思考不同領域重點的圖像，捕捉三個層次的分析，每個層次都很值得關注，包含公司、行業、總體環境——請參見圖示。圖中的核心，也就是公司內部在橫跨行銷、技術，以及人力方面的活動，合理的占據了創辦人大多數的時間。然而，公司與客戶、競爭對手、供應商、甚至是新進入者之間的互動，也是新創公司外部需要策略性關注的額外層面。例如，如果不能分辨出競爭者並建立POD，那麼幾乎不可能從投資者身上募集到資金。這些因素是位於**行業**層面。最後，良好的策略還會考慮

不同情境下的總體環境

到**總體環境**——不只影響一個行業，而是影響很多行業的大範圍變化，包含下列幾點：

- 新技術，例如一九九〇年代的網路
- 法律與監管的改變，例如平價醫療法案（Affordable Care Act）
- 社會偏好，例如社區的重要性
- 經濟趨勢，例如國民生產毛額（GNP）成長與利率
- 政治變化，例如州與國家層級的主要政黨改變

創辦人不只需要了解這些層面的現在，也要了解不遠的未來的路，以及幾個月內或幾年內可能會發生的事。現在、下一步，以及為策略願景導航，都包含所有的這些要素與層面。

產品市場矩陣

另一種思考現在、下一步，以及導航的有用工具，是回到行銷與技術之洋章節中所介紹的核心概念。尋找**產品市場契合度**、或者為理想的市場區隔尋找合適的價值主張與功能，這可能很難。在形成構想與未創造收入的階段，創辦人很少會對合適的產品配置、MVP應該著重於什麼、或要鎖定哪個市場區隔的客戶有把握。我們稱此為「我們也可以」階段

——當創辦人開始跟朋友、同事、顧問，以及潛在客戶談論時，越來越多關於功能與潛在用戶區隔的想法，就會看起來很有吸引力。「這個工具超適合企業教育。我們也可以向企業銷售幾乎相同的產品，供培訓使用！」聽起來就像一筆很棒的額外收入來源，對吧？然而，這樣的延伸，會引來許多橫跨技術與行銷之洋的額外債務冰山。

把新創公司的產品上市策略重點，想成是尋找產品特性與功能（一開始會體現在MVP上），跟一個獨特、容易被認出、可達成的目標區隔之間的理想交點。找到這個理想交點，是早期階段新創公司驗證假設與測試的目標。也許會有幾種可能的產品配置和一些潛在目標市場區隔。下表顯示可能情況的簡化版本，垂直軸上是三種產品配置，水平軸上是三個潛在目標市場。

雖然追求所有產品與市場目標的可能組合（「我們也可以」），或許很誘人，但對新創公司來說，這麼做的成本

	市場 1	市場 2	市場 3
產品 1			
產品 2			
產品 3			

簡化版市場產品矩陣

太高了。首先，這需要有更大筆的投資；其次，每個海洋上會積累隱性債務冰山，讓新創公司失敗。有些有經驗的創業家／投資者稱此為「好高騖遠」，想試著解決太多事情，結果根本沒有解決任何事情。相反的，聰明的創業家應該進行一系列的實驗，為產品的推出建立理想的灘頭堡或甜蜜點，做為MVP與驗證過程的一部分。這個圖包含九個可能的點，應該把焦點放在最有希望成功推出產品，且最具備初期抓客力的其中一點，如下表所示。

圈起來的方框（市場1的產品2），代表產品推出的理想產品市場布局。那裡是現在。在甜蜜點受到市場歡迎後，下一步是什麼？同樣的，擴大延伸到所有陣線是很誘人的事——從一方格到全部九個方格，並最大化成長潛力。不過，從策略上來說，這有過度擴張且在太多戰線打太多仗的風險。同樣的，新創公司會遇到巨大的隱性債務冰山。取而代之，新創公司應該進一步實驗，然後確定要

	市場 1	市場 2	市場 3
產品 1			
產品 2			
產品 3			

產品推出的灘頭堡

採取哪條擴張路徑：

- 為已知的現有市場區隔，開發額外的產品與功能
- 把現有產品帶到額外的市場區隔——無論行銷之洋一章中提到的地理位置、新的人口特徵、或其他市場區隔

第一個選項是**市場專業化**，第二個選項是**產品專業化**。這兩種呈現如下表。

導航計畫：跟三到五位共同創辦人和最值得信賴的顧問，召

	市場 1	市場 2	市場 3
產品 1			
產品 2			
產品 3			

產品市場矩陣中的市場專業化

	市場 1	市場 2	市場 3
產品 1			
產品 2			
產品 3			

產品市場矩陣中的產品專業化

開一個白板會議，為你的新創公司畫出上面矩陣中的各種機會。建立假設以確認前三名產品／市場重點領域，然後先發展實驗來測試每一個的可行性。

Jawbone 是非策略型成長導致企業失敗的例子。這間公司原本名為 AliphCom，成立於一九九八年，是一間耳機供應商。在之後的十年，Jawbone 的產品線迅速成長，這間公司有明確的市場專業化策略，利用無線科技與更清晰的聲音改善其產品。公司在二〇一〇年增加喇叭，銷售給類似的客戶群，推動額外的成長，也募集大量的資金。公司估價一度超過三十億美元，它也募集到將近十億美元的資金。[94]

二〇一二年，這間公司改名為 Jawbone，利用一款健康追蹤裝置 UP 手環，拓展到新領域。這既是產品拓展，也是市場拓展——就像是從上圖中圈起來的方框。這個延伸導致策略債務冰山，在行銷、人力、技術挑戰的交集出現。競爭對手 Fitbit 在這個新領域中贏得戰役，到了二〇一七年 Jawbone 只好關門大吉。有趣的是，二〇一一年從 AliphCom 改名為 Jawbone 時，策略與核心目標也同時發生改變，這個改變最後卻使公司倒閉。即使對極為成功的公司來說，策略之洋也是很殘酷的。

行業成長模型

大多數的討論都著重於公司與其客戶的交集。創辦人也必須注意行業發展趨勢與整體市場的成長。創業家通常想用長期、線性的直線成長，來描述市場的特性。但不巧的是，市場的成長通常更多變且難以預測。密切關注並了解行業的成長軌跡，能有助於新創公司更恰當的分配資源，並避開在每個海洋各處的冰山。

行業成長的變異多樣且複雜，而且每個市場都依循它自己的軌跡。不過，以下三種模式能大致描述具有重要策略意義的不同成長模式：

Bass 擴散模型（Bass Diffusion）也許是最廣為人知、廣為接受的，它所刻畫的市場早期採用速度相對緩慢，中期成長相對穩定且顯著，幾年後市場成長趨緩或趨於成熟。隨著行業標準的確立和客戶學會如何應用新產品或技術，早年的銷量與收入成長就沒那麼重要。

接著，在標準確立、新競爭者加入、市場區隔出現差異化的情況下，市場的銷售量與單位銷量會進入顯著成長期。在此期間，競爭會加劇。

在快速成長之後，市場開始降溫，競爭對手通常會在價格上展開更大的攻勢。在這個階段通常會出現一些整頓，有一些較弱的競爭者會退出，或是與一些較大的競爭者整合。除非有可以引發後續成長曲線的新的創新，否則這些行業會長期穩定下來，面臨相當於

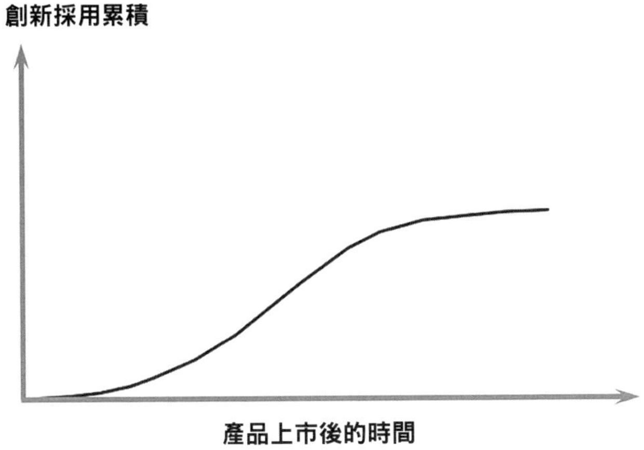

Bass 擴散模型

GNP的成長。

從汽車、電腦、到智慧型手機等消費品市場，都經歷了這個軌跡。當然，每一個成長階段的時間會因產品類別而有非常大的差異。請參見上面圖示。

第二個成長軌跡源於傑佛瑞·墨爾（Geoffrey Moore）所著的**《跨越鴻溝》**（*Crossing the Chasm*）。[95] 在這個模型所描述的市場中，市場的早期成長與前景會停止進展，直到某些干預介入此局面。這些干預可能是外力或技術、具備新的商業模式或新方法的競爭者、或者包含兩者的某種組合。接下來，成長會非常顯著，而且有大幅改善或階段功能。通常，這代表從利基市場產品（提供給不多的創新者與早期採用者的市場區隔），移動到大眾市場產品（提供給大多數市場區隔，或早期大眾與晚期大眾的客戶類型）。請參考第三一二頁的圖示。

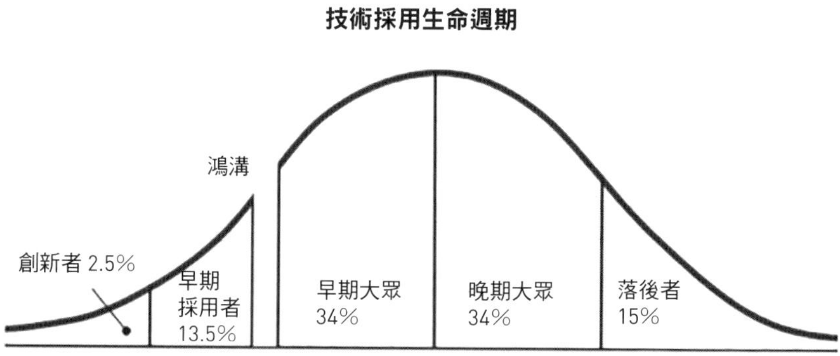

跨越鴻溝模型[96]

這個例子類似蘋果推出 iPod 後，呈現爆炸式成長的數位音樂。但 iPod 並不是市場上第一個出現的設備——舉例來說，美國無線電公司（RCA）／Thomson Consumer Electronics 的產品 Lyra 比 iPod 早出現好幾年。蘋果為了跨越鴻溝所做的事就是推出 iTunes。iTunes 不只是軟體，蘋果也正式獲得個人歌曲與專輯的授權，克服不斷困擾 Napster 的版權問題。它的成功除了來自總體環境趨勢的支持外（家庭電腦越來越多、網路使用更普遍、家庭頻寬／寬頻讀取的改善），也來自將這個軟體分層。在這個組合情況之下，數位下載量呈爆炸式成長。

最後一個較新的模型是由研究公司 Gartner 提出的，**技術成熟度曲線**（Hype Curve）或技術成熟度週期。在這個模型中，市場經歷初期的急劇成長。然而，初期的興奮或炒作消退後，產品的銷售會下

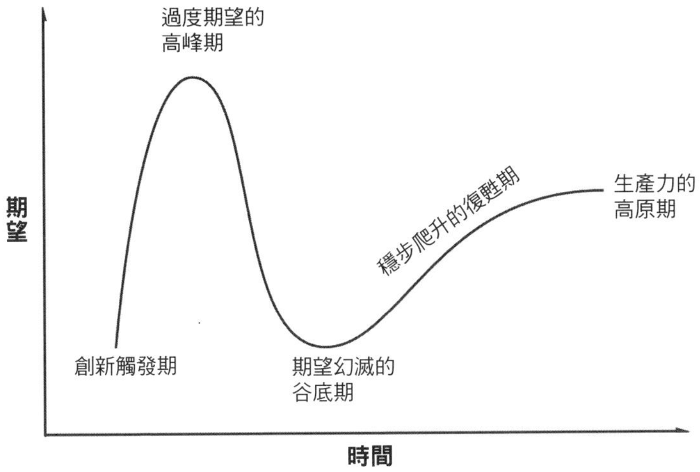

Gartner 的技術成熟度曲線

降到，只剩利基市場中的愛好者與死忠使用者繼續購買它。如果競爭對手倖存下來，市場會在低於高峰期的量穩定下來。它的規模會較小，但依然是足夠、可長期發展的規模。

Pokemon GO 的接受率是這種軌跡的近期例子。它在二〇一六年夏季推出後，經歷了迅速的成長，每天的使用者約為兩千萬人。我們可能都還記得，走在公園、街道上、建築物裡經常能看到人們緊盯著自己的手機，做出手臂抽動的動作，捕捉難以找到的角色。一年後，二〇一七年夏天，每天的使用者已經下降近75%。Pokemon GO 依然為任天堂與 Niantic 帶來足夠的收入：第一個月約為三億美元，第一年預估為十億美元。然而，經過一段時間後，在具備可持續發展的基礎下，最初的炒作逐漸被較低的參與度取代。

在產品層面，這不只是這些市場的演變，更是產品本身的創新。創新的產品能接觸到的客戶是開拓者、或創新者與早期採用者，但模仿者客戶是進入大眾市場的必要條件。

電影為產品接受度與創新提供了一個有趣的模擬。電影票房銷售數字很容易取得，因此，研究人員已經能夠用持續的吸引力來模擬電影創新的元素。電影跟一般產品採用與創新曲線不同的是，它通常先從需求高峰期開始，然後以不同的曲線反映一段時間的銷售下降。

也許你可以輕易想到你看過的賣座巨片——或許是一部《復仇者聯盟》（*Avengers*）電影？其中一部《星際大戰》（*Star Wars*）電影？或是像逃出《絕命鎮》（*Get Out*）或《噤界》（*A Quiet Place*）這種驚悚片？大部分的賣座大片都是技術成熟度曲線最好的例子。它們迅速發展，接著銷售量急劇下降。儘管如此，有些賣座大片會在電影院上檔四個月或甚至六個月，因為有足夠的持續興趣可以繼續播映它們。

左圖為典型賣座電影銷售軌跡可能呈現的樣子。圖中包含漫威（Marvel）《復仇者聯盟》（*The Avengers*，二〇一二年）和《阿凡達》（*Avatar*，二〇一〇年）的數字。可以注意到，這兩部電影一開始都銷售好幾億美元。兩個月內，收入下降到大約每週一千萬美元或更低。人們普遍認為基於阿凡達所需的 3D 技術發展，它更具創新性。你能看到它是如何在更長的時間產生更高的銷售線。事實上，阿凡達上映三十四週後，在美國的銷售額達七億六千萬

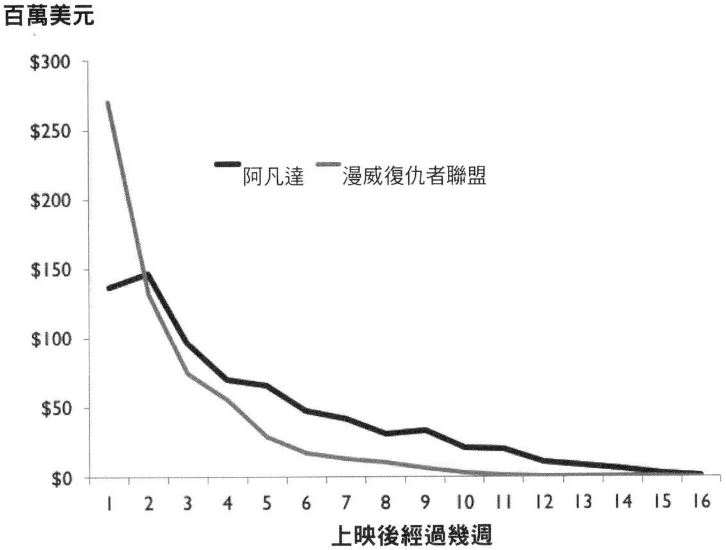

賣座電影的銷售軌跡[97]

美元。儘管漫威的《復仇者聯盟》上映時更強，但它主要吸引人之處是明星陣容以及喬斯．溫登（Joss Whedon）的作品。它在美國的總銷售額高達六億兩千三百萬美元，非常出色，大約比阿凡達少18％。它在電影院上映了二十三週——令人印象深刻，但沒有阿凡達那麼持久。

接下來，我們也要加入失敗電影（也稱為「票房毒藥」）的角度。需要注意的是，電影失敗不只是因為沒有獲得早期的銷售量爆發，也因為他們不會在電影院上映很久。二〇一五年的《紳士密令》（*The Man from U.N.C.L.E.*）票房只有四千四百萬美元，而且在電影院只上檔十週。同樣的，二〇一二年迪士尼的《異星戰場：強卡特戰記》（*John Carter*）在電影院上檔的時間只有十六週，美國票房為七千三百萬

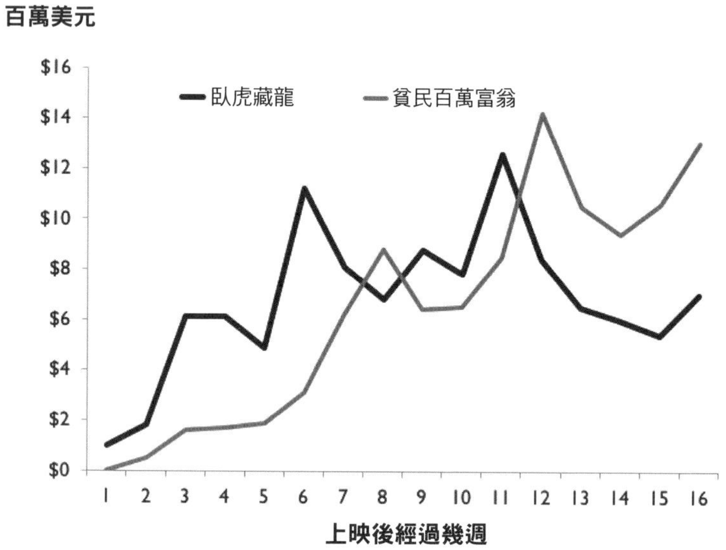

跨越鴻溝的電影銷售軌跡

美元。電影與其他產品中的失敗之作會迅速的消失。

電影也可以提供從利基市場受眾跨越鴻溝到大眾市場、極富吸引力的例子。這些電影慢慢起步，然後建立起銷售量，通常是由於金球獎和奧斯卡金像獎提名，加上正面口碑。二〇〇〇年的《臥虎藏龍》（*Crouching Tiger*）和二〇〇八年的《貧民百萬富翁》（*Slumdog Millionaire*）的銷售軌跡。它們一開始每週銷售大約都在一百萬美元或低於一百萬美元。在它們的銷售量高峰期，它們每週銷售高達一千萬美元。這兩部電影在美國的總票房都超過一億兩千萬美元，而且都在電影院上映超過六個月。

將行業成長轉化為策略

這些市場與產品的軌跡，會如何影響策略和產生隱性債務呢？最簡單來說，這些不同的模式，對員工與募集資金產生非常不同的影響。如果一間新創公司雇用員工的時機，比市場與企業成長提早太多，那麼它的資金會耗盡並陷入困境。投資者對於資金成長的容忍度是有限的，通常是一年或兩年的時間。

然而，需求的變化也會影響新創公司的價值主張與目標市場區隔。可能需要改變在市場成長的各個階段，建立品牌與傳遞廣告訊息的方式。產品開發也必須考慮到行業的接受度。如果市場還處於成長有限的萌芽階段，新創公司就應該縮減新產品與產品功能上的過多投資。避免在流血的開端（而非領先的前端）領先於市場。消除市場鴻溝是代價很高且具有挑戰性的。大多數新創公司沒有蘋果的資源，能創造下一個 iPod ／ iTunes。新創公司很少能負擔得起教育大眾市場，讓他們跨過真空。此時，時間與競爭實際上有助於將市場從早期採用者過渡到大眾。就讓競爭者幫忙搭建跨越鴻溝的橋吧！

當然，要是擁有水晶玻璃球，讓創辦人能準確預測市場何時會起飛？何時會跨越鴻溝？或者何時能實現技術成熟度曲線與倒閉——會是非常棒的事。但即使是最聰明、最富有遠見的創辦人與投資者也很難預測市場。不過，策略性的創辦人不該只密切關注自身的成長與發展趨勢，也應該注意競爭對手和整個市場，做為衡量指標的一部分。追蹤競爭對手的成長與投資，出席年度會議或大會，以及注意Crunchbase、PitchBook、或TechCrunch提到的新技術或新創公司，都可以從中獲得行業軌跡的一些線索。

導航計畫：**發展出能反映當前與未來市場成長的三到四個關鍵指標，像是與你的產品有關的網路搜尋用語，以察覺客戶的意識與興趣趨勢。每個月追蹤這些指標。**

權衡的重要性

這些策略討論隱含一個想法——應該要明確、清楚的被了解。這是**權衡**的概念。把一些事情做到很好或最好，代表選擇在其他事情上做到平均水準，或許也代表選擇完全不做某些事情。在我們的產品市場矩陣中，新創公司藉由選擇專注於一個小部分，來選擇不積極追求其他八個小部分。這是否代表，新創公司拒絕來自焦點目標外的新客戶的生意呢？應該是。

雖然可能很痛苦，但每個新客戶都代表一種選擇。如果吸引、獲得新客戶、或為其開發特色的成本大於收益，且不符合策略，那麼創辦人就應該直接拒絕。新創公司應該清楚且知道哪些是值得追求的客戶與市場區隔，哪些是應該放棄的。

在具體性能與功能方面，新創公司也應該清楚了解想在哪些方面跟競爭者做出差異，以及在哪些方面達到相同水準就夠了。有四個層次需要考慮：

- **讓給競爭者**：特別是當目標市場或功能不在最佳狀態，讓其他對手擁有新創公司不想擁有的方框是沒問題的。
- **建立平等地位**：「一樣好」就夠好了。在某些方面，你需要做的就是建立跟競爭對手平等的地位。
- **差異化**：選擇究竟在哪方面、如何做得比競爭者更好，是極為重要的。請詳見第四章。
- **打造絕對競爭優勢**：理想的情況下，新創公司擁有一個受到市場重視的東西，也就是它擁有絕對競爭優勢——一個人、技術、知識、領先優勢、專利、或祕方，能提供可長期維持且無法模仿的競爭優勢。

同樣的，這些選擇反映了新創公司在行銷與策略之洋中，自願且有意做出的策略權衡。權衡也發生在其他海洋。舉例來說，選擇外部投資者似乎是「成功的」創業家的標準方法。然而，這種選擇由於要向董事會與外部人報告，也伴隨著放棄股權與控制的權衡。技術之洋中有大量的權衡，包含需要建構多少平台（比如 iOS 版、Android 版、網頁 APP）、內部與委外開發，以及其他選擇，全部都有助於創造機會，但也會招致隱性債務和其他債務。

哈佛大學策略教授麥可・波特（Michael Porter）細膩闡述了權衡的作用。[98] 他的文章精心列出大公司和小公司在制定與實施策略時，應該考慮的一些關鍵策略。

海崔克／TRX是權衡、競爭威脅，以及保護產品的好例子。TRX在早期就投資約五萬美元，為其獨特的產品設計申請國際專利——對早期階段的公司來說，這是一筆可觀的金額。在受到市場歡迎且顯著成長後，TRX面臨了一波仿冒公司的浪潮，它們製作低檔產品，標上看起來跟TRX很像的品牌標誌。這些公司很快的推出它們自己的設計與品牌標誌，顯然是TRX產品的仿冒品。雖然這是一筆痛苦的投資，可能會沒有回報，海崔克還是決定要保護他的品牌與市場地位。他額外花了兩百五十萬美元，在法庭上對抗偽造品和仿冒品。雖然這很耗費時間與金錢，但幾年後他獲勝了，也獲得六百萬美元的賠償。在沒有非法競爭的情況下，TRX隔年的銷售大幅成長超過40％。在保護設計與品牌上的投資權衡，最終得到了回報。這也有助於限制未來的競爭威脅。

另一方面，Reddit的史蒂夫・霍夫曼與亞歷克西斯・奧漢尼安，則受益於競爭對手Digg遇到的冰山。大約在二〇一〇年，Digg以會產生技術與行銷債務方式，改變它的技術平台。結果它的合作夥伴和使用者背叛它，進而讓Reddit從中受益。Digg的公司領導者與使用者因為平台推出帶來充滿錯誤與故障的冰山，最後逃離了Digg。兩年後，Digg被分為三個部分出售。密切關注競爭者的一部分，是找出競爭者的軟弱的時刻，此時競爭者很容易失去客戶——以及核心員工。Reddit 持續受益於間接競爭者的失誤，像是臉書在二〇一八年在會員資料數據共享方面所犯的錯。

導航計畫：追蹤競爭對手並抓住機會之窗的時機，此時客戶與員工可能是脆弱的。請注意，如果競爭對手也是當地人，這可能會有點棘手，因為像投資者等利害關係人可能有利益重疊的狀況。

要在策略債務中倖存並讓新創公司維持經營，需要許多的技能。為了讓所有員工與有利害關係的人（例如投資者）維持動力，參與其中以及步入正軌，新創公司需要有一個目的地——新創公司可以實現的願景，包含核心目的與如何實現核心目的的生動描述。當新創公司看似要失敗時，對願景的熱情與堅持，可以幫助創辦人度過初期的艱難時期（有時也被稱為「絕望的低谷期」）。導航與溝通是這個時期生存的關鍵要素。然而，創辦人不能忽略「現在」和「下一步」，即它們和它們的員工與支持者為了維持運作和前進，所從事的日常選擇與活動。

密切關注行業與總體環境的發展趨勢，是策略的重要組成部分。預測和戰勝競爭對手、了解客戶也是這趟旅程必要的一部分。需要有計畫的——而非偶然的——權衡新創公司應該做什麼（和不該做什麼）。總之，這種方法有助於新創公司克服不完整的整合、不足的衡量標準、缺乏活力的責任歸屬的冰山。你不會總是得到你想要的——但有了正確的策略，你可能會得到你所需要的！

第八章

冰山指數

「衡量可衡量者，將不可衡量的化為可衡量的。」

——伽利略（Galileo Galilei）

「該死的，我超想成為億萬富翁。」

——崔維．麥考伊（Travie McCoy）

在前面幾個章節中，我們已經詳細介紹與討論過橫跨人力、行銷、技術及策略之洋，可能造成新創公司傷害、或導致其失敗的一些債務冰山。現在，是時候把全部的想法彙整起來，以完整一致的方式來分辨與評估潛藏在新創公司內部的**隱性債務**了。讓我們來介紹冰山指數。冰山指數是用來分辨與評估所有海洋中的隱性債務工具。

首先，要提醒你，大多數新創公司與公司會承擔許多隱性債務，即我們在前面章節所概述過的。就像是人們與企業為了實現它們的目標所承擔的金融負債，新創公司也承擔著隱性債務。創辦人與投資者應該做出**權衡**——但是要有意識的、策略性的做出權衡。我們創造這個冰山指數的目標是，讓這些隱性債務更顯而易見。藉由了解債務在何處積累，新創公司就能更適當的制定計畫來減輕這些債務。

投資者可能會想為目前與潛在的投資組合公司，填上冰山指數分數。冰山指數可以當作**實地審查**過程的一部分，它也可以當作工具，幫助投資者在創辦人橫渡這些海洋時，更恰當的指導創辦人的航行決策。

讓我們從使用這個工具的幾個要點開始。我們試圖在冰山指數上建立測量系統，簡化公司各個領域中一些非常複雜的**不確定性**領域。但是，想想權衡——簡化可能會造成缺少細微差別與全面性。雖然下面表格會提出一些新創公司可能會遇到的常見的債務冰山，但我們不打算讓它們變得更完整與全面。請回顧核心內容章節，以便更深入、更細微的了解每個海洋。

冰山指數中的每個組成都有四個評分等級。請決定哪個分數最能說明，新創公司在這個長期演變中的處境。不要迴避你的評估——為每個組成選擇一個分數：

未創造收入階段：創意發想	**MVP 階段：**第一批客戶	**產品上市與早期成長階段：**客戶群成長	**產品與商業模式規模化階段：**指數型成長
• 察覺冰山的形成 • 利用冰山指數當作計畫檢查表	• 把冰山指數從檢查清單移到更正式的一套衡量指標 • 追蹤整個領導團隊與利害關係人的冰山指標	• 徹底貫徹監控冰山指標的過程	• 持續使用冰山指數監控債務冰山 • 為即將發生的大型債務冰山建立一個降低風險的計畫 • 追蹤冰山指數的改善 • 新產品延伸與新僱員造成新的冰山

新創公司如何使用冰山指數

1. **強：一帆風順。**代表新創公司已經完全解決債務冰山了。
2. **中：前方旅途崎嶇難行。**債務冰山存在，但有解決這個問題與減少損失的計畫。
3. **弱：需要導航計畫。**沒有解決債務冰山的計畫，這個債務冰山可能會危害新創公司，甚至造成新創公司倒閉。
4. **無：眼前有大型債務冰山。**損害與失敗即將來臨，需要立即採取行動。

其次，債務冰山的重要性與威脅性會隨著時間而改變。當新創公司在所有層面都處於不確定性的第一階段，創辦人仍然有正職工作，也沒有募集任何資金，那也沒什麼可失敗的。較低的冰山指數評分可能發生在萌芽階段，新創公司仍然是可以快速轉向的划艇。

在第二與第三階段——當新創公司雇用第一批員工、從**MVP階段**進入**產品上市與早期成長階段**，以及擴大客戶群——策略債務與其他債務冰山積累的力量，就會大到足以讓新創公司立即、或在未來三年內倒閉。使用冰山指數應該不斷進化，適用於不同階段的新創公司，如同你在上頁圖示所看到的。

最後，讓幾個人為完成冰山指數的過程出一分力，也許會有幫助。首先，創辦人當然是唯一能夠完成指數的人，他們完成指數是要了解接下來會發生什麼事。在**未創造收入**階段，單純意識到這些概念的存在就有價值了。一旦新創公司進入產品上市與早期成長階段，且隨著投資者／顧問進入，在組織中以有影響力的意見討論相關的海洋，就更有意義了。這也遵循在缺乏活力的責任歸屬海中所提出的建議——不只是創辦人，應該要有更多人發展衡量指標，且應該要有幾個人對不同的衡量指標負責。

導航計畫：巨大地圖是能提醒發展中的新創公司的一個很酷的工具，其中包括海洋、海以及漂浮冰山。員工與利害關係人可以在關注的領域，也就是他們察覺冰山活動不斷增加的地方，放上紅色大頭針。這可能就能每週團隊會議或公司會議，一個很好的討論來源，以確保整個團隊了解隱性債務的本質，並且可以制定計畫來解決它。把它想像成是你們的「冰情巡邏」。

現在，讓我們進一步深入研究每個海洋的冰山指數，探討新創公司會遇到的一些特定的債務冰山。

人力冰山指數

創始團隊海

無論最初的想法是來自單獨的創辦人或三人團隊，組成創始團隊是構想變成一間新創公司的必要基礎。身為創始團隊，首先要考慮的要素是誤判的動機與經驗。當創始人缺乏適當的熱情、經驗以及毅力（PEP），他們就會在創業之初，為新創公司帶來可觀的隱性債務。另一方面，創辦人也必須在熱情與敞開心胸接受回饋之間取得平衡。重要的是，團隊應該：

- 非常關心新創公司所解決的問題
- 具備了解這個問題的經驗
- 願意且能夠在創業之旅的暴風雨中堅持下去

那些因為超級想成為億萬富翁而加入的創辦人，應該另謀高就！

我們討論的下一個冰山是不公平的股權。當一個創始團隊在創業之旅開始的時候，就分配所有的股權，那麼它會在接下來的路上引來令人不快的討論與決策。經過一段時間後，它也可能對投資者的興趣，以及建立正確的領導團隊的能力，產生不利的影響。為了解決其中一些債務冰山，逐步進行跟貢獻相稱的股份行權，並為未來的領導團隊成員預留部分股權，是很重要的。在你烤出餅之前，不要把整塊餅分掉。

一個新創團隊也需要能夠獲得不同的觀點，以避開多樣性不足的冰山。多樣性能孕育出創新與適應力。理想情況下，新創團隊應具備以下所有條件：

- 一些創立與發展企業的經驗組合
- 跨不同工作領域（技術／操作、財務、銷售、行銷）的教育／培訓
- 具備獲得關鍵資源（包含客戶、資金以及其他關係）的人脈（或建立人脈的技能）

顯然，很少有新創公司一開始就擁有全部特質，但這些都是長期應該追求的重要目標。

最後，缺乏時間與支持的冰山，甚至會破壞最有望成功的想法。擁有時間和精力，是推動新創公司取得進展的關鍵。如果創辦人有一份費力的工作、家庭義務，而且很少空閒的時間，這將會是一項挑戰。擁有家人的支持與鼓勵，或至少家人不會對你投入新創公司的時間與精力感到不滿，也是有幫助的。這也是熱情與毅力能提供幫助之處。熱衷於極具吸引力的問題，可以獲得別人的支持。

創始團隊海		強：一帆風順	中：前方旅途崎嶇難行	弱：需要導航計畫	無：眼前有大型債務冰山
誤判的動機與經驗	創始團隊包含具備成功特質的人：				
	具備解決這個問題的熱情	○	○	○	○
	帶來先前處理問題的經驗	○	○	○	○
	展現克服難題的毅力	○	○	○	○
	願意聽取意見回饋	○	○	○	○
不公平的股權	創辦人的股份行權計畫是有策略性的，且能促進長期參與：				
	階段性分配股權	○	○	○	○
	根據貢獻分配	○	○	○	○
	留有一部分股權供未來分配使用	○	○	○	○
多樣性不足	創始團隊成員擁有多樣化的角度：				
	從不同行業帶來經驗	○	○	○	○
	提供技術能力	○	○	○	○
	來自不同的工作背景	○	○	○	○
	來自不同文化背景	○	○	○	○
缺乏時間與支持	創始團隊成員很盡心盡力：				
	有足夠的時間	○	○	○	○
	可以獲得財務上與家庭的支持	○	○	○	○

創始團隊海中的人力冰山指數

投資者／顧問海

由於創辦人正橫渡產品推出的不確定性，尋求顧問的回饋對它們是有好處的，它們最終可能也需要向投資者募集資金。這些額外的利害關係人會是非常寶貴的資源，但會在這片海域形成屬於它們的一系列冰山。

我們一開始討論的冰山與資源不平均有關。這個冰山可能來自擁有太多顧問——每個月和五十個人共進午餐是很困難的！然而，一位單一投資者／顧問也可能會變得太有影響力，因此施加不必要的權力，而且是唯一的意見。儘早提升包容性，並且跟許多潛在投資者或顧問培養關係，可能會有所幫助，雖然這需要時間。嚴格篩選並選定一個小型、積極參與的團隊，有助於解決這些利害關係人可能引發的一些債務冰山。

在這片海域的下一個冰山是投資者／顧問可能扮演不合適的角色。就像創辦人之間一樣，投資者與顧問之間的觀點和經驗的多樣性，是非常重要的。這些利害關係人應該在工作背景、行業經驗，以及人脈關係方面，為團隊加入一些新東西。投資者／顧問不只是拉拉隊隊員，他們應提供一系列能挑戰、激勵創辦人的不同意見。同樣的，在一段時間內，創辦人應該會想選定一個小團隊，讓這個小團隊隨著新創公司的成長承擔幾個角色與職責。顧問通常會在新創公司的初期階段擔任這些角色，但隨著新創公司從未創造收入階段，進入MVP階段以及產品上市與早期成長階段，投資者會加入。預計會在規模化時開始組織董事會。

最後，雙方難以捉摸的行為期望，可能會創造額外的債務。創辦人跟投資者或顧問，應該對雙方關係的本質達成一致的意見，包含會議規律性、預期貢獻，以及**交換條件**（或沒有）等方面。對投資者來說，這樣通常更清楚——通常，至少投資意向書會詳細說明投資條款、期望，以及可能的董事會角色。不過，對顧問來說，這應該是明確的討論話題。可以考慮使用「兩杯咖啡」的規則：在第二次交流想法的非正式會議後，也許就能確保難以捉摸的期望，不會造成不必要的冰山。

投資者／顧問海 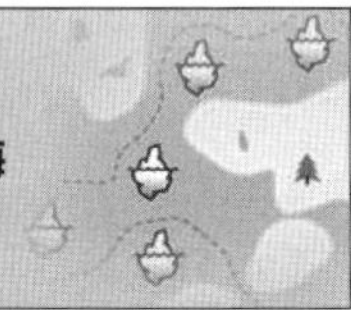		強：一帆風順	中：前方旅途崎嶇難行	弱：需要導航計畫	無：眼前有大型債務冰山
資源不平衡	新創公司能接觸到知識淵博的人：				
	向適量的顧問諮詢	○	○	○	○
	選擇積極參與但不專橫的顧問	○	○	○	○
不適當的投資者／顧問角色	投資者／顧問可以幫助新創公司取得進展：				
	知道且了解企業與行業	○	○	○	○
	擁有新創公司經驗	○	○	○	○
	具備多樣化的觀點	○	○	○	○
	有更多能力投資	○	○	○	○
	可以與客戶和／或投資者建立關係	○	○	○	○
難以捉摸的行為期望	投資者／顧問了解新創公司的本質：				
	回應協助的請求	○	○	○	○
	定期開會但不會太頻繁	○	○	○	○
	對報酬有合理的期望	○	○	○	○
	不會太密切監控	○	○	○	○
	可以透過提供資金或其他方式，支持未來的成長	○	○	○	○

投資者／顧問海中的人力冰山指數

員工海

當新創團隊從承擔全部工作任務的創辦人，到實際雇用員工和支付工資時，潛在的員工冰山便開始浮出水面。新創公司有很多的需求，很少有新創公司能僱得起它們想要的所有人才。第一批員工是關鍵。

不合適的人才與成本取捨是隱藏債務冰山的一項來源。雇用強大的工程師開發團隊、有經驗的銷售團隊、有能力的行銷幫手，以及一個負責會計和財務的人，會是一件很棒的事。然而，對大多數未創造收入和收入初期的新創公司來說，每個月在勞動力上消耗掉十萬美元，已經超出它們的能力範圍了。創辦人必須在理想雇員（經驗豐富的捕鯨者）的費用，跟便宜但缺乏經驗的員工（例如實習生）的人事配置誘惑之間取得平衡。具體來說，避免把大部分的薪水花在一個超級巨星上——特別是如果這位超級巨星是只有一個代表作的人。

員工海的第二座冰山會以瘋狂文化的形式出現。文化與核心價值觀，可以成為「新創公司的目標」與「推動公司發展的人的目標」之間，有影響力的一致來源。一個有效的共同願景和正面積極的文化，有助於緩解深夜加班、錯過正餐，以及薪水微薄等挑戰。新創公司應該評估潛在員工跟文化的契合度。桌上足球台、時髦的裝潢，以及敲鑼打鼓都可以產生有感染力的能量。但另一方面，你也需要避免（或至少監督）一些文化，也就是無法持續制度化的行為（像是把投資者的錢花在昂貴的公費旅遊），或是那些在經濟低迷時期會製造痛苦時刻的文化（像是沒有敲鑼）。至少，對於文化在具體行為上如何表現與演進，應該制定一個計畫。舉例來說，創辦人與員工生日當天的午餐，可以改成與當月生日所有人的每月午餐。文化必須隨著企業規模的擴大而演變。

新創公司也必須避免依需求回應的員工資源類型，這表示公司隨意的建立人才庫。雖然把所有工作都外包並且「精實運作」，直到收入證明雇用員工的合理性，這會是很吸引人的作法，但必要的是關鍵員工對於獲得熱情的投入，並逐步累積技能。在光譜的另一端，雇用全職員工做所有事的成本太高了：新創公司需要不斷調整，才能預期每一個能應對當前與未來勞動力挑戰的技能。只依據產品開發與客戶服務需求來回應員工的雇用，會產生額外的人力債務冰山。人事配置的**策略**應該有一個計畫，包含哪些工作需要全職的、專業的人才，哪些可以使用兼職人員，以及哪些使用外包人才最適合。新創公司應該制定指標，當成把兼職員工轉全職員工的觸發條件——例如，當公司有十位客戶，或每個月**經常性收入**達十萬美元時，X員工可以從兼職轉成全職員工。

員工海		強：一帆風順	中：前方旅途崎嶇難行	弱：需要導航計畫	無：眼前有大型債務冰山
合適的人才 vs. 成本取捨	**雇用有足夠經驗的員工：**				
	不支付過高報酬給人才	○	○	○	○
	激勵員工投入	○	○	○	○
	選擇能夠在角色間靈活變通或能「身兼數職」的員工	○	○	○	○
	留下高效率的員工	○	○	○	○
瘋狂的文化	**新創公司有管理文化的計畫：**				
	幫助員工了解和接受願景與價值	○	○	○	○
	根據文化需求與契合度雇用員工	○	○	○	○
	根據使命與價值引導決策制定	○	○	○	○
	努力建立文化規範	○	○	○	○
	對文化的表現方式進行規劃	○	○	○	○
依需求回應的員工資源類型	**新創公司使用適合不同階段的不同員工類型：**				
	利用外包	○	○	○	○
	將所需的技能引進公司內部	○	○	○	○
	精心計畫雇用什麼員工與何時雇用	○	○	○	○

員工海中的人力冰山指數

行銷冰山指數

市場區隔海

新創公司在市場區隔海遇到的第一個挑戰是，它們的市場區隔方法的品質低下。繞過這個挑戰的導航計畫是，使用穩健的方法來找出市場區隔。這種方法應該包含其他市場區隔基準的組合。至少，它應該使用行為或客戶需求指標。加入一些心理特徵會更好。如果你還可以加入人口特徵那最好。

此外，新創公司需要對這些客戶區隔有可靠且深入的了解。市場區隔輪廓指出的各個市場區隔的需求、痛點以及期望，能表達這種理解。最後，這些客戶需求應該包含社會與情感需求，不只是功能需求。

一旦新創公司有了高品質的市場區隔計畫，它還需要避免優先順序不佳。具體來說，一開始它需要鎖定一個主要的市場區隔，然後有計畫的逐步擴大它的鎖定範圍。瞄準一個對產品有高度興趣的市場區隔當作目標，這樣新創公司就能有效滲透這個市場區隔的絕大部分。新創公司應該認清自己擁有有限的資源，一開始只專注於一個市場區隔。成功來自目標明確的方法。然後，新創公司也必須有計畫，逐步的擴張到不同市場區隔，以最大化收入潛力。

最後，新創公司需要避免市場區隔海中執行力不佳的冰山。如果試圖在沒有正確資訊的情況下勉強應付過去，反而會妨礙執行。具體來說，新創公司必須確保每一個市場區隔都有可靠的人物形象。這些人物形象可以幫助新創公司的每個人，了解每一個市場區隔的想法與感受。此外，新創公司可能需要有能力為每一個市場區隔提供不同的產品配置，並了解每一個市場區隔會如何回應定價。最後，新創公司必須能夠使用正確的廣告訊息，以正確的媒體接觸到每一個市場區隔。

市場區隔海 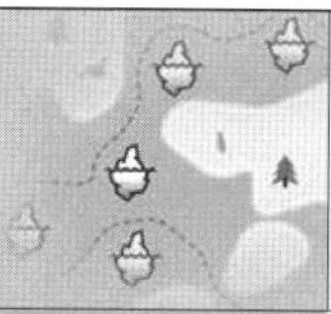		強：一帆風順	中：前方旅途崎嶇難行	弱：需要導航計畫	無：眼前有大型債務冰山
市場區隔品質低下	**新創公司有一個可靠的市場區隔計畫：**				
	使用多種區隔基準	○	○	○	○
	包含功能需求	○	○	○	○
優先順序不佳	**新創公司有市場區隔優先順序的計畫：**				
	從只有一個市場區隔開始	○	○	○	○
	有後續的目標市場區隔清單	○	○	○	○
執行力不佳	**新創公司透過市場區隔對客戶有更深入的了解：**				
	人物形象	○	○	○	○
	產品需求	○	○	○	○
	定價	○	○	○	○
	廣告訊息	○	○	○	○

市場區隔海中的行銷冰山指數

市場定位海

隨著新創公司進入市場定位海，它們必須研究客戶會如何評價它們。

客戶經歷的第一步是嘗試對產品進行分類——這個產品跟什麼市場已知的其他產品相似？當新創公司試圖破壞市場，或提供一些前所未有的產品時，它們會遇到產品的市場類別尚未確立的挑戰。一開始，這種情況也許會看起來很有吸引力，因為沒有競爭對手。但從更實際的角度來看，這代表新創公司有很多工作要做，而且將負擔大筆費用去創造類別。客戶需要有一個**參考架構**去評估產品。新創公司必須能夠說出其產品屬於哪個類別，並讓客戶認同。這樣一來，客戶就可以分辨出類別的**類同點**，新創公司就能更輕鬆，只專注於推廣自己以什麼方式優於競爭對手。

一旦新創公司找出一個公認的市場類別，它們面臨的下一個挑戰就是差異化不夠好。人們明天的行為往往與今天的行為一樣。這表示他們在採用新產品之前，需要一個令人信服的理由才能改變他們。如果新創公司想吸引客戶，它就必須要有辦法清楚、明白的告訴客戶，為什麼它優於競爭對手。它必須要有一個令人信服POD。這個差異必須能被客戶察覺，且能提供一些對他們很重要的東西。如果他們本身無法體驗到差異，或者這個差異是他們不關心的東西，那麼這個差異根本不會成為令人信服的購買理由。

一旦新創公司找到有說服力的ＰＯＤ，最後一個挑戰就是訊息使用不一致。這方面不只對行銷工作有風險。全公司都必須知道產品的ＰＯＤ是什麼，並在它們的決策中意識到它。所有廣告訊息應該在網站、電子郵件、部落格貼文、以及社群媒體等不同媒體上，使用一致的ＰＯＤ。

然而，光傳遞ＰＯＤ的廣告訊息是不夠的。這個ＰＯＤ也應該透過產品設計、定價，以及其他產品供應決策來凸顯。最後，新創公司必須在事後發現不吸引人的ＰＯＤ，跟**戰略轉向**的方向之間做出取捨。當新創公司的產品與廣告訊息無效時，它就應該做出改變，但每一個改變都代表著，放棄已經參與公司活動的客戶。從一開始就選定正確的ＰＯＤ並長期堅持下去是最好的。但很不巧，這種事不會一直發生。

	市場定位海	強：一帆風順	中：前方旅途崎嶇難行	弱：需要導航計畫	無：眼前有大型債務冰山
未建立市場類別	新創公司已經建立好能推出的參考架構：				
	只有一個類別	○	○	○	○
	客戶了解類同點	○	○	○	○
差異化不夠好	新創公司具有強而有力的差異化：				
	能說出產品比競爭者好的方式	○	○	○	○
	比起競爭者明顯更有優勢	○	○	○	○
	這個優勢能輕易傳達出去	○	○	○	○
	這個優勢對客戶來說很重要	○	○	○	○
訊息使用不一致	新創公司能一致的傳遞它 POD：				
	在不同媒體上	○	○	○	○
	在一段時間	○	○	○	○
	在所有戰術的執行上	○	○	○	○

市場定位海中的行銷冰山指數

戰術海

一旦新創公司知道它們在與哪些受眾交談，以及是什麼讓它們的產品變得與眾不同、變得更好，它們就會面臨一些需要解決的、戰術上的挑戰。

其中第一個挑戰是，確保它們沒有提供無效的客戶價值。有時候，創業家會看到問題，然後試著解決它，但對客戶來說，這個問題沒有重要到足以讓他們願意去解決。或者，這個解決方案還不夠好，不值得讓他們付出力氣去採用。首先，這個問題應當是客戶有意識到是他們感受到的痛點——他們的需求沒有被滿足。然後，這個解決方案必須既與現有的解決方案不同，還要明顯優於它。

如果解決方案有客戶價值，新創公司現在必須避免的是價格與價值不相稱。只是以更好的方法解決問題是不夠的，客戶還必須願意支付費用換取新的解決方案。產品的價格應該反映它提供的價值，而不是反映成本或競爭者的收費。其中一個指標是客戶願意花錢去試用它，而不是選擇一個**免費增值模式**（**freemium model**）。價格與價值相稱的另一個正面指標是，收入模式依賴於經常性購買，而不是單一性的購買機會。當客戶回頭進行更多交易時，新創公司可能就有很好的價格與價值相稱。

一旦有寶貴的客戶願意付錢，那麼新創公司接下來需要克服的挑戰是，它們的銷售流程能否規模化。無論是B2B或B2C公司提供的產品，很少有產品——尤其是新產品——可以不靠銷售就賣出去。新創公司需要計劃如何促成銷售。即使客戶可以直接到新創公司的網站購買，購買流程也必須建立得很好，且能輕鬆完成。新創公司需要了解購買流程是什麼，並制定計畫來最小化**銷售漏斗**的漏損量。更常見的情況是，新創公司需要**通路合作夥伴**，幫忙找到客戶並與客戶做成生意。一個一個的賣給每一位消費者是緩慢且艱難的。此外，新創公司需要計畫如何管理，能有效與客戶成交的銷售團隊，包含能夠負擔得起合適的銷售人員、找到他們、並協助他們順利入職。

新創公司不可能在推廣組合（promotional mix）中只配一個銷售團隊就成功。它們還需要克服推廣計畫不完整的挑戰。不幸的是，**推廣**是昂貴的。因此，新創公司往往會等到有預算後才開始制定計畫，它們從臉書或一個非常基本的網站開始。然而，成功的推廣組合需要許多關鍵性投資。首先，新創公司要知道它們的目標客戶從何處尋找訊息。接著，它們需要一系列的廣告訊息來傳達它們的PODs。這些廣告訊息在搜尋引擎優化下能明顯被看見，並透過集客式與**干擾式廣告**發布。最後，新創公司得了解客戶購買過程，以便規劃潛在客戶開發活動、潛在客戶培養活動，以及從這些行銷活動到完成銷售行為的有效轉移。

戰術海		強：一帆風順	中：前方旅途崎嶇難行	弱：需要導航計畫	無：眼前有大型債務冰山
客戶價值無效	**產品能為客戶提供價值：**				
	解決未被滿足的需求	○	○	○	○
	是問題的良好解決方案	○	○	○	○
	是值得付費的解決方案	○	○	○	○
價格與價值不相稱	**新創公司可以透過定價獲得它所提供的價值：**				
	可以相對於競爭者的產品進行適當的定價	○	○	○	○
	可以使用價值導向的定價，而非成本導向	○	○	○	○
	可以從每個客戶身上獲得經常性收入	○	○	○	○
銷售流程無法規模化	**新創公司可以建立有效的銷售：**				
	了解購買流程	○	○	○	○
	建立可重複的購買流程	○	○	○	○
	知道如何成交	○	○	○	○
	有通路合作夥伴計畫	○	○	○	○
推廣計畫不完整	**新創公司可以有效進行推廣：**				
	擁有一個強大的搜尋引擎優化網站	○	○	○	○
	發展一個結構良好的集客式廣告計畫	○	○	○	○
	發展一個結構良好的干擾式廣告計畫	○	○	○	○
	有干擾式廣告預算	○	○	○	○
	行銷流程跟整個銷售與行銷一致	○	○	○	○

戰術海中的行銷冰山指數

技術冰山指數

驗證海

驗證海中的債務冰山，是以確保新創公司建造正確的船為主題。創辦人建立新創公司時，他們對問題與解決方案都有自己的假設。他們希望得到他們的解決方案有多好的回饋。然而，試著鼓勵這些有初步構想的創業家是人類的天性。

因此，他們最終會遇到虛假的希望的債務冰山。在行銷之洋中的一部分戰術海，是確保任何一項新產品都能解決客戶的痛點。除此之外，產品開發團隊也須負責驗證潛在創辦人的假設。

做到這點的最好方式是尋求負面意見回饋。我們經常無法控制自己，我們希望人們說我們有一個很棒的構想。但是，新創公司必須尋求不同的觀點——讓某個人找出這是一個壞點子的所有原因，包含避免多餘的解決方案。在探究為什麼這個點子有缺陷的同時，更深入探究人們目前如何解決這個問題，也許會有所幫助。他們當前的解決方案與競爭者的解決方案，可能都不是最好的，但也有可能這些是最可行的解決方案。新創公司應該問自己：為什麼之前從來沒有人這樣做過？網路上有產品與新創公司的墓地，檢討為什麼一個點子會失敗。新創公司可以在開始設計之前梳理這些，從別人的錯誤中學習。最後，新創公司需要全面性的思考競爭。看清楚其他替代品的確切解決方案。

當新創公司知道目前的解決方案沒那麼好之後，下一步就是找出人們是否真的打算購買新的解決方案。與其詢問潛在客戶他們是否喜歡解決方案，新創公司需要得到他們不具約束力的購買意向書。如果沒有人願意承諾會購買，那這就是一個警告標誌。在產生製造產品的成本之前，此時是終止這件事的好時機。在驗證過程中，也會讓人忍不住開始製作一些東西——但即使是建立一個原型或線框圖，也應該是該計畫的一部分，才能避開投入太多精力與金錢的冰山。

要在第一次就把所有產品特色都做好，是幾乎不可能的事。目標是釐清要推出的是什麼，規劃之後並改進。在投入設計與製作之前，新創公司必須跟客戶討論可能的解決方案，否則它可能會做過頭。在這個驗證假設的階段，新創公司必須小心，避免根據替代方案測試每一個可能的特色，也要避免根據每一個回饋做出特色的戰略轉向。任何一種方法都可能導致新創公司投入太多金錢。在獲得市場回饋與忠於新創公司原始方法之間，會有微妙的平衡。請記住，未來會有一些改變——從原始計畫開始、傾聽、採納那些對新創公司想完成的事情最有意義的想法。

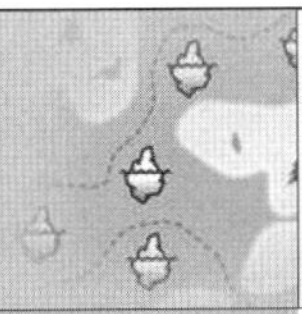

	驗證海	強：一帆風順	中：前方旅途崎嶇難行	弱：需要導航計畫	無：眼前有大型債務冰山
虛假的希望	**創辦人會確認他們的假設：**				
	不要太早提出解決方案	○	○	○	○
	尋求負面意見回饋	○	○	○	○
	從潛在客戶那裡獲得不具約束力的購買協議	○	○	○	○
多餘的解決方案	**創辦人知道解決方案是有需要的：**				
	了解目前解決問題的替代解決方案	○	○	○	○
	了解為什麼過去的解決方案不成功	○	○	○	○
	密切關注更廣泛的競爭者	○	○	○	○
投入太多精力與金錢	**新創公司沒有在驗證上浪費資源：**				
	避免在驗證客戶問題之前倉促進行設計	○	○	○	○
	能接受不那麼完美的產品	○	○	○	○
	克制不去對每個特色進行 A ╱ B 測試	○	○	○	○

驗證海中的技術冰山指數

設計海

新創公司應該先將理論概念，轉換成一個簡單的原型或線框圖。這麼做能有助於避開由於急於提早開發產品所產生的、缺乏實體模型的冰山。這甚至可以包含手動的元素或「低擬真」的版本，在客戶提供回饋之前把投資降到最低。不要預先花二十萬美元在軟體上，軟體可以先用紙筆練習和一點點血汗資本來測試！

這也是走出大樓，與潛在客戶真正互動的好時機。向他們提供早期版本的產品，並取得他們的意見回饋。最好的作法是，創始團隊積極參與這種回饋方法。不要當一個待在船艙裡的船長，讓其他人親眼去看到發生什麼事，避免象牙塔「見解」的陷阱。同時，第一個原型和它們的回饋，很容易讓人氣餒。新創公司必須意識到，這只是開始。初期版本看起來永遠不會像最終版本那麼好。此時的目標是開始，然後學習如何逐步改進產品。

獲得早期版本的回饋後，新創公司需要注意範圍界定太短視的問題。公司很容易會想試著把每一個意見回饋都融入新設計中。更好的方法是接受所有回饋，設計非常清楚的產品願景，然後把產品撕開到只剩它的核心。哪些特色可以做出ＭＶＰ，以及新創公司如何逐步反覆改良這些特色？哪些核心特色是一定要有的？哪些額外的特色可以等到之後？

同時，新創公司必須考慮人們可能會以不同於預期的方法使用其產品。這些用途並非全部都是正面的。人們會在許多不同的時間、不同的地點，以新創公司一開始可能從沒設想過的方式使用產品。解決這些出乎意料的情況是非常重要的。最有可能破壞產品的方式是什麼？設計如何幫忙把這些問題降到最低，或克服這種可能情況——或者讓產品快速恢復到正確的軌道？

設計海		強：一帆風順	中：前方旅途崎嶇難行	弱：需要導航計畫	無：眼前有大型債務冰山
缺乏實體模型	**新創公司能尋求意見回饋：**				
	在 MVP 之前開發原型／線框圖	○	○	○	○
	獲得客戶對這些實體模型的回饋	○	○	○	○
象牙塔「見解」	**在投資於技術之前，使用可行的低擬真、手作的測試**				
	新創公司能保持現實的焦點：	○	○	○	○
	獲得早期版本 MVP 的實際使用者回饋	○	○	○	○
	讓創辦人直接參與市場測試	○	○	○	○
	在設計過程中堅持到底，且不頻繁的作出戰略轉向	○	○	○	○
範圍界定太短視	**產品設計具長期彈性：**				
	新創公司先設計後改良	○	○	○	○
	設計有考慮到使用者經驗	○	○	○	○
	基本設計包含核心特色，但不包含對 MVP 來說不必要的特色	○	○	○	○

設計海中的技術冰山指數

開發海

在開發海中，新創公司的目標是找出堅持到底的方法。一般來說，驗證、設計，以及開發的過程是反覆且持續的。新創公司可能積累大量債務冰山的地方是在產品開發，也就是你開始製造東西的時候。到目前為止，創辦人已經收到大量的回饋，並且決定做出一些改變。

新創公司必須確保，避免在開發過程中出現含糊的問題。一項又一項的研究表明，團隊做出的決策比個人做的決策更好——也就是俗話說的，三個臭皮匠，勝過一個諸葛亮。在產品開發方面亦是如此。團隊開發比單獨的開發人員更好。然而，引進開發人員是有風險的，因為開發技能也許很難評估。新創公司應該確保，在招聘的部分過程中有受過良好技術培訓的人參與。

隨著產品開發的進行，開發人員會傾向於從事他們感興趣的內容，這可能跟新創公司的優先順序不一致。重要的是，要確保團隊持續追蹤已經完成的事，以及需要做的事。這些步驟、特色以及更改，需要列在某種清單上——**待辦清單**、剩餘工作清單、或一些其他類型的清單，具有明確的關鍵開發任務的優先順序。接著，團隊（而不是一個人）需要不斷檢查待辦清單，並排定後續步驟的優先順序。現在的目標是儘可能快速且順利的向前邁進。為了繼續前進，投入時間換取一個精心策畫的流程是值得的。

一旦推出產品的早期版本後，接下來的重點就是，從技術角度評估它們有多好，以及它們是否能為規模化提供基礎。新創公司需要避免從產品基礎不佳起步。對軟體開發產品來說，這代表測試、分級、獲得代碼庫的同儕審查；對其他產品來說，這代表詳細的品質測試與品質控管。新創公司應避免在有缺陷的基礎上建構更多特色。不可避免的是，在開發過程中，會有更多人加入專案。新創公司需要考慮，如何在一項複雜的開發專案加入這些新人，特別是在早期開發階段。否則，他們將會成為錯誤的新來源。

最後，新創公司需要考慮，它們是否要在公司內部製作整個產品或一部分外包（製造vs.購買）。新創公司應該了解自己的關鍵能力，且願意在不是自己強項的部分尋找高品質的外包。只要品質不會變差，選擇性的外包可以是更有效、更便宜的前進方式。即使是外包部分也必須經過品質檢測，以確保它們符合客戶的需求，且不會出現「品質下降」現象。

在開發過程中，某些時候產品會在客戶手中。雖然這是令人興奮的一步，但開發工作尚未完成。現在，起霧的水域可能會到來。在設計海中，計畫先設計要推出的產品，之後再反覆改良。現在，新創公司必須專注於它的開發計畫，並不斷的改進產品。推出的產品極有可能是MVP。它還有待改善。此處是獲得不同回饋的好地方——這種回饋是直接來自客戶的。大多數產品都有一些使用者指標。新創公司可以查看這些指標，評估產品需要改進的地方。在產品推出後的不確定性的起霧水域中，不要忽視客戶或競爭對手。

客戶服務會是另一個客戶回饋的好來源。聰明的新創公司不會只讓客服管理客戶支援，而是利用它的客服團隊找出客戶遇到的問題類型，並優先把這些問題降到最低。客戶與他們的需求，應該繼續把焦點擺在持續進行中的產品開發工作。

	開發海 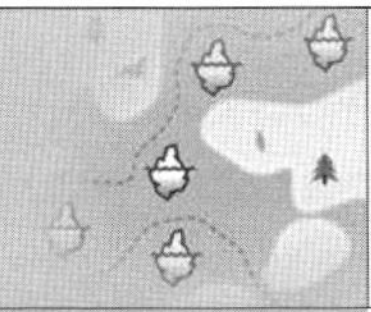	強：一帆風順	中：前方旅途崎嶇難行	弱：需要導航計畫	無：眼前有大型債務冰山
過程含糊	**新創公司有制定健全的開發過程：**				
	建立開發團隊並非依賴一個人（即使部分團隊外包）	○	○	○	○
	使用能評估開發人員技能的招聘專人	○	○	○	○
	維護產品開發待辦清單	○	○	○	○
	為產品待辦清單排定優先順利，並從重要的特色先開發	○	○	○	○
產品基礎不佳	**新創公司能維持穩固的產品基礎：**				
	定期進行品質檢查	○	○	○	○
	在開發過程中有新增人員的管理計畫	○	○	○	○
	發展製造 vs. 購買計畫	○	○	○	○
起霧的水域	**公司有長期開發計畫：**	○	○	○	○
	有管理更改的長期計畫	○	○	○	○
	有持續改進的計畫				
	監控使用者指標	○	○	○	○
	整合來自客戶服務的回饋	○	○	○	○

開發海中的技術冰山指數

策略冰山指數

策略之洋包含不完整的整合海、不足的衡量標準海，以及缺乏活力的責任歸屬海。雖然有許多冰山在功能性區域——人力、行銷以及技術之洋，但策略涵蓋了上述所有領域。

不完整的整合海

策略之洋中的第一個債務冰山是協調性不足。在這個海域的大冰山可能是像下列這些事情：

- 活動的各領域之間沒有計畫或溝通。
- 行銷與客戶溝通幾乎不清楚技術開發的發展方向，或幾乎對技術開發沒有貢獻，反之亦然。
- 業務需求沒有推動領導層的關注、投資者／顧問的加入，以及人力配置，其他海洋中的不確定性亦是如此。
- 沒有願景能帶領新創公司。

這種情況極少發生，但我們曾看過創業家會「即興發揮」，幾乎沒協調整個新創公司的活動。有時當一位創業家超級想成為億萬富翁時，他們根本就不會真正專注於自己的熱情與經驗，因而缺乏堅持到底的毅力。

有時兩個領域之間會存在一些協調性，但另一個領域卻是獨立的——例如，行銷與人力領域的不確定性是同步的，但瘋狂的開發人員卻跟別人不一樣，他們進行著沒人知道的實驗。如果不糾正，可能就會形成帶來嚴重損害的冰山塊。

最後，在不同階段，公司或許只能每季、或在董事會會議的前後，明確的解決協調性問題。雖然可能不會造成毀滅性後果，但長期下來也許會產生限制新創公司發展的小冰山。

為了解決這個債務冰山，創辦人每週至少要花半天導航，包含不同職能之間的關係。一個協調的計畫，可以幫忙解決其中許多問題。

下一個冰山是不同領域之間的組織活動不平衡。當企業的一個領域受到大部分或全部的關注時，新創公司或許能解決該領域的一些不確定性，但其他領域卻會面臨著變得越來越危險的冰山。如同前述，這種情況通常發生在創始團隊缺乏多樣性、顧問不參與其中，以及團隊特別著重於解決某一個問題時（無論是技術問題或客戶／市場問題）。較少見的情況是，新創公司在解決一些市場或技術面的不確定性之前，就全心投入於建立一個大型團隊或募集資金，因而形成巨大的隱性債務冰山，但這種情況也會發生。

在較合理的情況下，所有領域都要得到一些關注，但其中一個不確定性領域是大部分資源、討論，以及工作的重點。讓其中一個不確定性領域推動新創公司，並非壞事——舉例來說，由科技推動行銷與人力要素，或由市場問題與需求推動產品開發。然而，這並不代表其它方面，在解決不確定性與辨認出隱性債務冰山上，就沒那麼重要。事實上，缺乏一致的驅動力，不知道真正驅動新創公司成功的是什麼，可能會產生像小漂冰一樣大小的債務。在這種情況下，公司可能會面臨彈球問題，也就是總是從一個區域的火災，彈跳到另一個區域的火災。除了不同領域之間的協調，創辦人投入的導航時間，也應該包含標示出企業不同部分的進度與不確定性狀態，以維持長期平衡。

不足的衡量標準海

建立衡量指標並追蹤進度，對一間永續發展的企業來說非常重要。完全不關心開發，也不維護計分卡或衡量系統來實現里程碑並取得進展，最終會產生一座毀掉新創公司的大冰山。無論是模糊或通用的衡量指標，只要對特定背景（例如：總收入或募集資金）沒什麼基礎知識，因為可能會過度衡量，有太多數字要追蹤，最後形成相當大的冰山塊。衡量指標很重要，但也可能做過頭。一個健全的衡量指標會與特定情境有關（有關新創公司與行業），橫跨企業所有領域，且會隨著時間經過而演變——但不要指望第一次就做對它們。像平衡計分卡工具就可以提供有用的模型。許多成功的新創公司，都會遇到衡量標準不足的債務小漂冰，它們會繞過並逐步解決。

缺乏活力的責任歸屬海

下一個海是缺乏活力的責任歸屬，它不是新創公司可能會遇到的最大冰山。然而，完全沒有責任歸屬（也許是由於缺乏創辦人的時間和支持），再加上顧問難以捉摸的期望，依然會造成嚴重的傷害。當新創公司規模擴大，所有責任都落在創辦人的肩上時，會開始產生小量的債務，讓多人對相同領域與指標負責，也是如此。同樣的，責任歸屬會隨著新創公司發展而逐漸演變，並在發展中的企業內部，從創辦人的身上轉移到各領域的領導者身上。投資者在橫渡缺乏活力的責任歸屬海時會非常有幫助（即使他們看起來喜歡干預，偶爾還會帶來挑戰）。為了橫渡這座冰山，每個衡量指標都應該有人負責，並長期追蹤相對於每個單獨目標的績效表現。

策略之洋 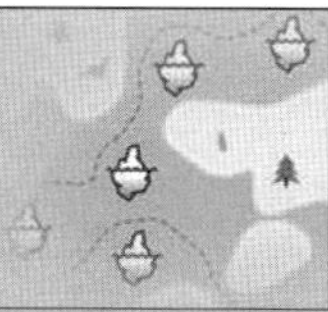		強：一帆風順	中：前方旅途崎嶇難行	弱：需要導航計畫	無：眼前有大型債務冰山
不完整的整合	**新創公司把各海洋之間的活動整合為一體：**				
	協調各海洋之間的活動	○	○	○	○
	平衡各海洋之間的活動	○	○	○	○
不足的衡量標準	**新創公司有監控績效表現：**				
	為衡量指標與績效表現建立關聯	○	○	○	○
	使用適合不同階段的衡量指標	○	○	○	○
缺乏活力的責任歸屬	領導團隊選定對關鍵活動與衡量指標負責的人	○	○	○	○

策略冰山指數

很多創辦人看到他們的新創公司有大量的隱性債務，可能會覺得不知所措。請記住，這裡的目標不是要讓創辦人與新創公司被積累的債務擊敗。我們的目標是要能夠辨認出這些債務，並計劃如何減輕它們。衡量可衡量者——並將不可衡量的化為可衡量！新創公司肯定會有隱性債務。不過，要有時間在新創公司倒閉前，將這些債務的影響降到最低。

新創公司應該從簡單的檢查清單開始，並制定計畫限制冰山逐漸變大。當新創公司進入產品推出與成長階段時，更正式的使用冰山指數能系統性的協助新創公司追蹤與解決債務冰山。你可以到下列網址查看我們的線上資源，了解冰山指數的演變：www.titaniceffect.com。

第九章 啟航

「所有旅行都有旅行者不知道的祕密目的地。」

——馬丁・布伯（Martin Buber）

「別停止相信。」

——旅行者樂團（Journey）

儘管普遍觀點認為，鐵達尼號確實在遇到冰山時沉沒了，但多年來仍出現許多不同的理論，有些屬於「陰謀論」的範疇。在《鐵達尼號：永不沉沒之船？》（*Titanic: The Ship That Never Sank?*）[99]一書中，羅賓・賈德納（Robin Gardiner）推斷，白星航運的姐妹船奧林匹克號才是實際上沉入海底的船。賈德納認為，白星航運在啟航不久前替換並「重新命名」

船隻。奧林匹克號在稍早的事故中已經受損，所以白星航運計畫讓奧林匹克號偽裝成鐵達尼號，在海上緩緩沉沒，讓乘客有時間安全的下到救援船上。賈德納認為，白星航運藉由替換船隻，可以透過保險來補償損失。然而，白星航運沒有預料到冰山。當然，許多因素（與事實）讓這個故事不可能發生。

據我們所知，鐵達尼號沒有其他涉及外星人或者百慕達三角洲的故事，但幻想版的故事確實存在。其中一個是值得一看的電影情節，裡面還配上高層金融陰謀與險惡、自利的演員。[100]這個版本認為，投資者J.P. 摩根（你也許還記得在人力之洋章節提過的人）安排讓船沉沒，以除掉反對成立美國聯邦準備理事會（Federal Reserve Board）的有影響力人士。這個派系的三名成員，約翰・雅各・阿斯特（John Jacob Astor）、班傑明・古根漢（Benjamin Guggenheim），以及伊西多・史特勞斯（Isidor Straus）在災難中喪生。摩根在最後一刻取消他自己的鐵達尼號旅程，更加重這個假設。

其他的解釋沒那麼奇特但比較可信，這些解釋指出可能導致沉船的其他因素。正如我們前面所述，艙壁之間的防水門、不符合標準的鉚釘、艙壁本身，全都被指為嫌疑犯或幫兇。最近受到更多關注與信任的理論是，船在下水之前就開始燒煤火了，而且在艙壁附近燒了幾週。這個理論認為，媒火讓冰山撞擊處附近的船體變脆弱。雖然許多蒸汽船都會面臨煤火的難題，但這個煤火可能更劇烈、持續時間更長，導致船長在大量冰山出沒的水域，把速度的重要性置於安全之上。[101]

從事後來看，找出失敗的理由很容易。我們提出這些有關鐵達尼號滅亡的替代理論，不是因為這些理論是可行的，而是為了提供創辦人動機，讓他們在創業之旅上列出債務來源清單。在沿途上監控債務，可以幫助**新創公司**避開鐵達尼號的命運。或許還能幫助創始團隊從失敗中學習，為下一次的創業做準備。我們希望能記錄下，一系列的小決定與處女航的前幾週、幾個月、幾年、甚至幾十年發生的**隱性債務**，是如何導致這艘海上最氣派的船，在啟航不久後就發生人盡皆知的沉船事件。我們把這些決定及其產生的隱性債務，當作可供學習的基本比喻，希望能讓許多在**不確定性**的海洋中航行的新創公司，免於遭遇類似的命運。

為白星航運與鐵達尼號畫上句點

創立於一八〇〇年代、載著雄心勃勃要尋找黃金的遠航者前往澳洲的白星航運，得以在鐵達尼號的災難性損失中存活下來。然而，這間公司在接下來的幾十年舉步維艱，部分原因是第一次世界大戰，接著是一九三〇年代的經濟大蕭條。經歷了與一八六〇年代、一九〇〇年代相似的財務困境，導致多次的所有權與結構改變。公司的競爭對手皇后郵輪公司最終在一九三四年併購白星航運。

人們對鐵達尼號的記憶，以及對這場悲劇的關注，隨著時間的流逝而消退。在一九一二年沉船事件之後，掀起一波書籍與活動的浪潮，但在十年內就逐漸消退。華特・勞德（Walter Lord）在一九五五年出版了《鐵達尼號難忘之夜》（*A Night to Remember*）一書，重新喚起人們對鐵達尼號的興趣，另一次則是一九八五年在海底發現船隻時。克萊夫・卡斯勒（Clive Cussler）利用鐵達尼號做為一九七六年的虛構作品《拯救鐵達尼號》（*Raise the Titanic!*）的靈感，另一個類似的作品是亞瑟・C・克拉克（Arthur C. Clarke）在一九九〇年出版的《大銀行的幽靈》（*The Ghost from the Grand Banks*）。

當然，詹姆斯・卡麥隆（James Cameron）在一九九七年導演的電影，創下紀錄並獲得多座獎項，也是唯一拍攝船隻甲板的真實片段的電影。雖然男女主角李奧納多・狄卡皮歐（Leonardo DiCaprio）與凱特・溫絲蕾（Kate Winslet）以詮釋乘客而聞名，但其他在電影中出現過的知名演員還包含，演出一九五三年鐵達尼號電影的芭芭拉・史坦威（Barbara Stanwyck）與克里夫頓・韋伯（Clifton Webb）、一九七九年的大衛・華納（David Warner），以及一九七四年在外百老匯秀滑稽劇演出的年輕的雪歌妮・薇佛（Sigourney

Weaver）。另一方面，亞佛列德．希區考克（Alfred Hitchcock）在一九三〇年代後期拒絕參與改編故事電影的機會。

創辦人或投資者能從這個故事學到什麼？我們相信鐵達尼號的比喻，能提出許多跟創業之旅及創辦人面臨的一系列頗為相似決策與**權衡**的重要觀點。同樣的，新創公司會因為在不同海洋、不同階段，以及創辦人與主要參與者都不知道的很多情況下做決策，而導致新創公司的失敗。

背景故事的近況

在整本書中，我們引用了一些企業的例子，它們跟鐵達尼號一樣付出過相似代價，並成為具啟發性的虧損與失敗的故事。我們已經描述過著名的失敗例子，像是Theranos與Webvan。我們也對新創公司的墓地進行梳理，找出美國和世界各地其他不太知名的失敗例子。

當然，橫渡不確定性的挑戰會讓許多新創公司倒閉。然而，也有許多值得注意的新創公司例子，它們雖然遇到債務冰山，但還是繼續它們的旅程。舉例來說，我們也編寫一些新創公司的例子，它們不只在挑戰中存活下來，而且還蓬勃發展。以下是我們在第一章中介紹的企業核心的最新資訊。

Clif Bar／蓋瑞・艾瑞克森

自一九九〇年在腳踏車長途旅行中將構想概念化，到今日的成功，艾瑞克森曾面臨許多挑戰Clif Bar的冰山，但船沒有沉。相反的，Clif Bar為一間著名的公司帶來20%的年收入成長，同時在二〇一六年增加一倍的員工，它實現了令人欽佩的衡量指標。Clif Bar是健康與生活方式酒吧的市場領導者，擁有約33%的市場占有率。雖然這間公司沒有公布營收，但它的營收似乎已經突破十億美元大關。它的估值遠超過十幾年前收到的一・二五億美元的收購要約。

Instacart／阿柏瓦・梅塔

Instacart成立於二〇一二年，做了很多值得注意的事，是像Webvan這樣失敗的前例沒有做到的事。然而，這並不代表這間公司不用面對它所承擔的冰山塊與冰山島。儘管如此，在二〇一八年年初，這間公司以四十二億美元的估值，額外募集兩億美元的資金。根據報導，它的收入在二〇一七年成長160%。Instacart為許多人減輕在雜貨店購物的負擔，同時也為其他人提供就業機會。

Airbnb／喬．傑比亞

自從在普洛威頓斯讓陌生人在他的氣墊床上過夜，到 Airbnb 的推出與成功，傑比亞與他的團隊克服不少反對。藉由這樣做，這間公司充分證明共享經濟能創造收入。Airbnb 在二〇一七年的營收為二十八億美元，預估 EBITDA（稅前息前折舊攤銷前利潤）為四億五千萬美元。創辦人宣稱，目標是成為第一間市場估值為一千億美元的線上旅遊公司。這相當於很多的氣墊床！

千詩碧可蠟燭公司／徐梅

徐梅與千詩碧可蠟燭公司，也許助長各種居家產品融入時尚與功能，以全新的方式創造。徐梅的控股公司 Pacific Trade International，不滿足於千詩碧可蠟燭公司的成功，已經將業務範圍擴展到其他家居裝飾產品，包含香水與亞麻製品。在二〇一七年九月，徐梅同意以七千五百萬美元，把千詩碧可蠟燭公司賣給 Newell Brands，即 Yankee Candle 的擁有者。當時，千詩碧可蠟燭公司的營收預估為五千五百萬美元。

ＴＲＸ／藍迪・海崔克

從一個追捕海盜的軍事任務，到ＴＲＸ創立的八年後，海崔克是結合了對產品的持續熱情、長時間的經驗，以及追逐夢想的毅力的好例子。海崔克已成功的擊退國內與國外的對手。截至二〇一五年，它的營收約為五千四百萬美元。由於ＴＲＸ的成功與健身市場的蓬勃發展，一些仿冒的競爭對手再次出現。在二〇一七年三月，ＴＲＸ對其中一間仿冒者WOSS Enterprises LLC提出專利侵權訴訟，贏得六百八十萬美元的賠償金。在此期間，這間公司一直對它的成功保持沉默。國際健康及運動俱樂部協會（IHRSA）認可ＴＲＸ為二〇一七年的準會員。

這些創辦人與創業故事，都是值得慶祝與研究的。當然，它們也還在它們的旅途中——在你閱讀此內容時，如果它們當中的其中一間或多間公司，已經死於冰冷的創業失敗墓地，那也沒什麼好意外的。

避免鐵達尼效應

當新創公司早期生命的一系列決定與權衡，使其變得更容易失敗時，就會產生鐵達尼效應。這些決策是橫渡創業之旅中，特定領域的不確定性的必要一部分。然而，這些決策會產生意想不到的後果，包含可能會讓發展中的企業失敗，或嚴重阻礙其正常運作的隱性債務。

- 當團隊需要新增一名共同創辦人，但她的角色與貢獻不清楚時……
- 當公司必須更改它的品牌與價值主張，以更準確的反映其產品為客戶所做的事時……
- 當新創公司需要做出設計選擇，好讓MVP交到客戶手中時……

這些都是新創公司必須做出的選擇。新創公司必須橫渡不確定性，但結果不一定是無法預料的。對於因選擇而產生的隱性債務具有意識，能讓各種權衡變得可衡量與可管理。新創公司的目的，不應該是避免承擔這些隱性債務或債務冰山，而是要辨認出它們、追蹤它們，以及逐步的減少它們。

尾聲

創業研究呈現兩種截然不同的事實：

1. **高成長**新創公司占美國就業成長50%。然而，
2. 跟過去類似企業相比，這些幾乎相同的新創公司，在擴大成長方面甚至更加困難。

顯然，這些高潛力的新創公司發現，相較於前輩在過去所做的，現在的環境更不適合擴大規模。除此之外，一開始的存活率很低。總而言之，要把一個創業點子變成產品、以此創立公司、在遇到冰山時生存下來，並且將產品與商業模式規模化，是非常困難的事。這趟旅途一點也不輕鬆。

我們不會用這種說法勸阻想成為創業者的人。相反的，我們希望能幫助他們，橫渡在他們面前的未知水域。新創公司的每一個決定都涉及到權衡。我們希望《鐵達尼效應》能幫助創辦人與其他人，分辨出他們所做的權衡的利弊。航行也許不會一帆風順，但我們希望你能夠更恰當的避開冰山碰撞事故，或在你的冰山事故中生存下來。

如果我們說，所有創辦人或投資者若想提高他們的成功率，就要閱讀我們的書，那就有點自以為是。顯然，創業旅程比這困難多了。不過，我們會建議，密切關注債務冰山並降低它，能有助於新創公司提高它們成功的可能性。最後，我們提供三個原則，為新創公司指引這段旅程。

經常實驗、快速失敗：新創公司幾乎不可能第一次就「做對」。做實驗並從這些結果中學習是很重要的，不只在特定構想的生存期間內，對成功的創業家與創投界參與者的生存期也是如此。也就是說，實驗應該是謹慎且有條理的由具體假設所推動，從技術與市場的角度來看什麼是有效的。使用這種方法，你就不會失敗——而是有機會從許多無效的方式中學習，而不會遇到終結生命的冰山。正如湯瑪斯．愛迪生（Thomas Edison）所說：「我沒有失敗。我只是發現一萬種行不通的路」。

透過人脈尋求回饋與建議：無論是潛在的共同創辦人、顧問、客戶、設計團隊、或導師，對每個想成為創辦人的人來說，都會擁有一支虛擬的支持軍隊。我們已經從勇敢的船長身上獲得大量慷慨的幫助，他們已經啟航，並且成功橫渡我們在本書標示出的布滿冰山的海洋。在許多情況下，他們很願意分享自己的導航圖，為你跟過去的船員建立關係，甚至為你的船提供財務支援——我們只建議你不要叫它鐵達尼號。

在尋求建議的同時，新創公司也應該建立自己的人脈。可以把它視為分離度。幾乎每一位創辦人，都跟他們成功所需認識的五個人，距離三或四個分離度。成功航行的一部分就是把這些分離度縮短到一或二，去認識那些可以讓你成功的人——並告訴他們，你擁有成功具備的PEP。

做出適合不同階段的決策：無論是分配股權、尋找資金、接觸潛在客戶獲取回饋、建立線框圖、或發展你的團隊，行動得太早或太晚都可能會導致毀滅性的後果。我們已經在每一章當中建立了模型，這些模型能反映在人力、行銷、技術，以及策略之洋中，未創造收入階段、MVP階段、產品推出與早期成長階段以及產品與商業模式規模化階段的關鍵挑戰。當你在規劃你的旅程與橫渡不確定性時，不要過度延伸到未來的階段，因而創造出更多的隱性債務。試圖募集太多資金、雇用太多員工、對客戶做出你無法兌現的承諾、在技術上投入過多建設，都可能會讓太有野心的新創公司倒閉。同樣的，如果拖延太久，不在人力、行銷，以及產品方面投資，也可能會產生類似的效果。

新創公司是我們的未來經濟的命脈——經濟與就業成長的引擎，也是艾瑞克森、梅塔、傑比亞、徐氏、海崔克、奧漢尼安、林肯，以及其他人的未來幾代的靈感。我們誠摯的希望，帶著更多知識橫渡不確定性的創辦人、投資者，以及他們的支持者，能更有能力認出冰山，確定航行方向，並實現創業與成功的許多好處。最重要的是，擁抱創業之旅的祕密、意外目的地——這些本身就是回報。鐵達尼號在抱負與希望中啟航。願你的努力亦能如此，但有更好的結果。不要屈服於鐵達尼效應。這是一本書，不是預言！

謝辭

感謝我的父母喬治・薩克斯頓（George Saxton）與洛伊絲・薩克斯頓（Lois Saxton）。他們提供我所有的工具、能力，以及愛與支持，培養我身為一位老師、研究人員，以及企業家所具備的熱情、經驗和毅力。他們一向很重視成為有影響力的群體的一員，並為之做出貢獻。感謝露絲・薩克斯頓（Ruth Saxton）與蘇珊・馬索曼（Suzanne Musselman）成為我們大家庭與後援團的一員，並在我與金合作的期間為我們帶來很大的幫助。——T.S.。

感謝我的父母約翰（John）與珊卓拉・傅拉德（Sandra Fradd），他們教會我聰明做事與努力工作的價值，鼓勵我去追求我的夢想（即使他們不知道我有一個偉大的計畫），而且還發現那個深深影響我、讓我知道我有多麼喜愛的小嗜好。當一個人知道，有人準備了安全網要接住他們，而且會再次當他們的後盾時，這個人幾乎可以完成任何事情。——M.K.S.。

感謝我的父母賴瑞（Larry）與莫琳（Maureen），他們是我所認識最成功的人——在撫養我們四個了不起的兄弟姐妹，並教導我們愛、榮譽、道德，以及崇高理想的價值的同時，也充實的過生活。感謝我的妻子伊莉絲（Elyse），她內心的光照耀著她的「五個」男孩，也激勵她周圍的每個人站得更高一點、生活得更好一點，以及為別人多做一點。感謝我的許多共同創辦人、朋友、同事、良師、甚至是競爭對手，他們以最可敬的方式帶領我認識：

資本主義即服務。——M.E.C.。

參考資料

第一章

1 Ries, Eric. The Lean Startup: How Today's Entrepreneurs Use Continuous Innovation to Create Radically Successful Businesses. New York: Crown Business, 2011.

2 Heba Hasan, "Author 'Predicts' Titanic Sinking, 14 Years Earlier," Time, April 14, 2012, accessed August 20, 2017, http://newsfeed.time.com/2012/04/14/author-predicts-titanic-sinking-14-years-earlier.

3 Wasserman, Noam. The Founder's Dilemmas: Anticipating and Avoiding the Pitfalls That Can Sink a Startup. Princeton, NJ: Princeton University Press, 2012.

4 關於創業失敗的資料來源有很多。請參考 Shane, Scott, The Illusions of Entrepreneurship: The Costly Myths that Entrepreneurs, Investors, and Policy Makers Live By (New Haven, CT: Yale University Press, 2008) for failure rates over a ten-year period. The following article summarizes venture failure rates and reasons for the failure: Patrick Henry "Why Some Startups Succeed (and Why Most Fail)," Entrepreneur Magazine, February 18, 2017, accessed August 20, 2017, https://www.entrepreneur.com/article/288769. The Kauffman Foundation (https://www.kauffman.org) is also a good resource for data on entrepreneurship activity and failure. Most sources converge on failure rates between 50 and 70% five years after startup launch, and over 70% after 10 years.

5 我們將早期階段創業者定義為，擁有構想或為構想尋找計畫推出產品的人、正在產品推出階段的人、或已經推出但尚未募集到一五〇萬美元以上資金的人。換句話說，這個人可能處於「自籌資金」到「種子階段」，但通常還沒到 A 輪募資。

6 A special thanks to the Guy Raz podcast series How I Built This from NPR, https://www.npr.org/podcasts/510313/how-i-built-this as one source of much of the material for these stories.

7 Tracey Lien, "Apoorva Mehta had 20 failed start-ups before Instacart," Los Angeles Times, January 27, 2017, accessed August 20, 2017, http://www.latimes.com/business/technology/la-fi-himi-apoorva-mehta-20170105-story.html.

8 Case, Steve. The Third Wave: An Entrepreneur's Vision of the Future. New York: Simon & Schuster, 2016.

第二章

9 Bourke, Edward J. Bound for Australia: The Loss of the Emigrant Ship Tayleur at Lambay on the Coast of Ireland. Dublin: Edward J. Bourke, 2003.

10 Starkey, H. F. Iron Clipper "Tayleur": The White Star Line's "First Titanic." Merseyside: Avid Publications, 1999.

11

12 感謝雪菲爾大學格蘭特．畢格教授，對本章進行準確性與相關性的檢查。.

See the National Ocean Service's website at http://oceanservice.noaa.gov/facts/iceberg.html for more information and examples of these icebergs.

13 See the National Snow & Ice Data Center's website at https://nsidc.org/cryosphere/quickfacts/icebergs.html for "Quick Facts on Icebergs."

14 "Iceberg Facts," Canadian Geographic, March 1 2016, accessed August 20, 2017, https://www.canadiangeographic.ca/article/iceberg-facts.

15 "Iceberg Facts," Canadian Geographic, March 1 2016, accessed August 20, 2017, https://www.canadiangeographic.ca/article/iceberg-facts.

16 Christopher Mason, "Singing Icebergs," March 1, 2006, accessed August 20, 2017, https://www.canadiangeographic.ca/article/singing-icebergs.

17 Dave Fowler, "Titanic Facts: The Life & Loss of the RMS Titanic in Numbers," The History in Numbers, accessed August 20, 2017, https://titanicfacts.net/.

18 Adam Aspinall, "Iceberg that sunk the Titanic was 100,000 years old and originally weighed 75 million tonnes," Mirror, March 6, 2016, accessed August 20, 2017, http://www.mirror.co.uk/news/uk-news/iceberg-sunk-titanic-100000-years-7506651.

19 Paul Rodgers, "Where Did The Titanic's Iceberg Come From?" Forbes, April 10, 2014 accessed August 20, 2017, https://www.forbes.com/sites/paulrodgers/2014/04/10/revealed-the-origin-of-the-titanics-iceberg/#6440274cb5b0.

20 Lt. Stephanie Young, "Top 10 facts about the International Ice Patrol," Coast Guard Compass, March 7, 2012, accessed August 20, 2017, http://coastguard.dodlive.mil/2012/03/top-10-facts-about-the-international-ice-patrol.

21 See the website for this book at http://www.titaniceffect.com.

第三章

22 Tracey Lien, "Apoorva Mehta had 20 failed startups before Instacart," Los Angeles Times, January 27, 2017, accessed August 20, 2017, http://www.latimes.com/business/technology/la-fi -himi-apoorva-mehta-20170105-story.html.

23 Melanie Warner, "Clif Bar's Solo Climb," CNN Money, December 1, 2004, accessed August 20, 2017, http://money.cnn.com/magazines/business2/business2_archive/2004/12/01/8192527/index.htm.

24 Nadine Heintz, Bo Burlingham, and Ryan McCarthy, "Starting Up in a Down Economy," Inc.com, May 1, 2008, accessed August 20, 2017, https://www.inc.com/magazine/20080501/starting-up-in-a-down-economy.html.

25 Alex Blumberg, interview by Robert Smith and David Kestenbaum, "Planet Money Episode 569: How to Divide an Imaginary Pie," NPR, September 17, 2014, accessed August 20, 2017, http://www.npr.org/templates/transcript/transcript.php?storyId=349034928.

26 雖然投資者與顧問能扮演非常不同的角色，但他們所涉及的債務很類似。因此我們將同時討論兩者。

27 For more on these trends, check out Steven Johnson's Future Perfect: The Case for Progress in a Networked Age. New York: Penguin Group, 2012.

28 這並非是在評論 Harland and Wolff 的能力——它是一間備受尊敬的造船商。然而，更換你策略的主要組成的供應商，從來就不是容易的事，尤其是當投資者要求時。

29 Nadine Freischlad, "This guy's story of failing in Indonesia is refreshingly honest. Now he's getting up and starting again," TechInAsia, June 19, 2015, accessed June 23, 2018, https://www.techinasia.com/danny-taniwan-alikolo-startup-failure-indonesia.

30 Juro Osawa, Newley Purnell, and Sean McLain, "Asian Startups Hit by Venture Capital Slowdown," The Wall Street Journal, May 12, 2016, accessed June 23, 2018, https://www.wsj.com/articles/asian-startupshit-by-venture-capital-slowdown-1462986692.

31 For more depth on related themes, we encourage you to check out Noam Wasserman's The Founder's Dilemmas: Anticipating and Avoiding the Pitfalls That Can Sink a Startup. Princeton, NJ: Princeton University Press, 2012. Many of the dilemmas he explores relate to the Human Ocean.

32 Alex Blumberg, "Gimlet 3: How to Divide an Imaginary Pie," Gimlet Media, September 14, 2017, accessed June 23, 2018, https://gimletmedia.com/episode/3-how-to-divide-an-imaginary-pie.

33 Listen to the whole StartUp by Gimlet Media podcast—it is definitely worth it! You can find it at https://gimletmedia.com/startup.

第四章

34 Nielsen, "Snack Attack: What Consumers are Reaching for Around the World," September 2014, accessed July 28, 2017, http://www.nielsen.com/content/dam/nielsenglobal/kr/docs/global-report/2014/Nielsen⊠20Global⊠20Snacking⊠20Report⊠20September⊠202014.pdf.

35 See for example, Michael Lodato, "Market Definition is a multidimensional process," BPTrends, June 2006, accessed July 28, 2017, http://www.bptrends.com/publicationfiles/06-06-ART-MarketDefinition-Lodato.pdf.

36 請注意，為了易讀性，「產品」一詞同時代表產品與服務。

37 Jeff Gelski, "Three occasions define snacking segment," BakingBusiness.com, March 21, 2014, accessed July 28, 2017, http://www.bakingbusiness.com/articles/news_home/Trends/2014/03/Three_occasions_define_snackin.aspx.

38 Anne Marie Chaker, "Why Food Companies Are Fascinated by the Way We Eat," The Wall Street Journal, August 13, 2013, accessed July 28, 2017, https://www.wsj.com/articles/why-food-companies-are-fascinated-by-the-way-we-eat-1376434311.

39 Wansink, Brian, "New Techniques to Generate Key Marketing Insights," Marketing Research, Summer 2000, 28-36.

40 See, for example, Strategic Business Insights, "US Frameworks and VALS Types," accessed July 28, 2017, http://www.strategicbusinessinsights.com/vals/ustypes.shtml.

41 See, for example, Esri, "Tapestery Segmentation," accessed July 28, 2017, http://www.esri.com/landing-pages/tapestry.

42 Learn more about Nielsen's Claritas Segmentation at https://segmentationsolutions.nielsen.com/mybestsegments/Default.jsp?ID=100&menuOption=learnmore.

43 See Clayton M. Christensen, Taddy Hall, Karen Dillon, and David S. Duncan, "Know Your Customers' 'Jobs to Be Done'," Harvard Business Review, September 2016, accessed July 28, 2017, https://hbr.org/2016/09/know-yourcustomers-jobs-to-be-done, and Christensen, Clay and Michael E. Raynor, The Innovator's Solution: Creating and Sustaining Successful Growth, Cambridge, MA: Harvard Business Review Press, 2003. See also Christensen, Clayton M., Taddy Hall, Karen Dillon, and David S. Duncan, Competing Against Luck, New York: Harper Business, 2016.

44 Michalis Gkontas, "We're F*cked, It's Over. Or Is It?" The Mission, September 5, 2016, accessed July 28, 2017, https://medium.com/the-mission/were-f-cked-it-s-over-or-is-it-5abe1432471d.

45 See HubSpot and others for more information on crafting a buyer's persona—Paula Vaughan, "How to Create Detailed Buyer

Personas for Your Business," HubSpot Blog, accessed July 28, 2017, https://blog.hubspot.com/blog/tabid/6307/bid/33491/everything-marketers-need-to-research-create-detailed-buyer-personas-template.aspx.

46 See Alpert, Frank and M. Kim Saxton, "Can Multiple New-Product Messages Attract Different Consumer Segments? Gaming Advertisements' Interaction with Targets Affects Brand Attitudes and Purchase Intentions," Journal of Advertising Research, 55:3 (2015), 307.

47 Hampus Jakobsson, "How my failed startup failed due to being flexible, not focused," Medium, June 5, 2016, accessed July 28, 2017, https://hajak.se/how-my-failed-startup-failed-due-to-being-flexible-not-focused-227430ab1464.

48 Advertising Age recognizes this book as the most-read marketing book of all time. Trout, Jack and Al Ries, Positioning: The Battle for Your Mind. New York: McGraw-Hill, 1981, 2000.

49 Gil Sadis, "The mistakes that killed my startup," 21st Century Geek, August 28, 2017, accessed November 22, 2017, https://gilsadis.com/2014/08/28/the-mistakes-that-killed-my-startup/.

50 For more ideas on possible PODs, see Kevin Lane Keller, Brian Sternthal, and Alice Tybout, "Three Questions You Need to Ask About Your Brand," Harvard Business Review, 80: September (2002), 80.

51 CB Insights, "The Top 20 Reasons Startups Fail," Research Briefs, February 2, 2018, accessed June 23, 2018, https://www.cbinsights.com/research/startup-failure-reasons-top/.

52 Kahn, Kenneth B, The PDMA Handbook of New Product Development. Hoboken, NJ: John Wiley & Sons, Inc, 2013.

53 See, for example, "Strategyzer and the Business Model Canvas," accessed July 28, 2017 https://strategyzer.com/canvas/business-model-canvas.

54 Jessica Silvester, "The Rise and Fall of Quirky—the Start-Up That Bet Big on the Genius of Regular Folks," New York Magazine, September 13, 2015, accessed July 28, 2017, http://nymag.com/daily/intelligencer/2015/09/they-were-quirky.html.

55 Attila Szigeti, "Let it go, let it go…Sunset of my first startup: ratemyspeech.co," Medium, June 9, 2015, accessed July 28, 2017, https://medium.com/@aszig/let-it-go-let-it-go-sunset-of-my-first-startup-ratemyspeech-co-f79b1d72c482.

56 Anthony Manning-Franklin, "Post-Mortem: Gigger Rocked," LinkedIn.com, November 22, 2016, accessed July 28, 2017, https://www.linkedin.com/pulse/post-mortem-gigger-rocked-anthony-manning-franklin/.

57 Andreas Hinterhuber and Stephan Liozu, "Is It Time to Rethink Your Pricing Strategy?" Sloan Management Review, Summer 2012, 69.

58 Judah Gabriel Himango, "My startup's dead! 5 things I learned," Debugger.Break();, May 21, 2015, accessed July 28, 2017, https://debuggerdotbreak.wordpress.com/2015/05/21/my-startups-dead-5-thingsi-learned/.

59 Sam Madden, "Why Homejoy Failed…And The Future Of The On-Demand Economy," Techcrunch.com, July 31, 2015, accessed July 28, 2017, https://techcrunch.com/2015/07/31/why-homejoy-failed-and-thefuture-of-the-on-demand-economy/.

60 Anthony Ha, "Outbox Shuts Down Its Mail Digitizing Service," Techcrunch.com, January 21, 2014, accessed July 28, 2017, https://techcrunch.com/2014/01/21/outbox-shuts-down/.

61 Kotler, Philip, Neil Rackham, and Suj Krishnaswamy, "Ending the War Between Sales and Marketing." Harvard Business Review, 84: 7-8 (2006): 68.

第五章

62 See Ward Cunningham, "The WyCash Portfolio Management System," OOPSLA '92 Experience Report, March 26, 1992, accessed April 18, 2018, http://c2.com/doc/oopsla92.html for one of the first appearances of "technical debt." Martin Fowler, of leading software developer ThoughtWorks, published a good discussion of technical debt on October 1, 2003 at https://martinfowler.com/bliki/TechnicalDebt.html.

63 See more detail on the background of "product/market fit" on venture capital firm Andreessen Horowitz's blog—Tren Griffin, "12 Things about Product-Market Fit," accessed April 18, 2018, https://a16z.com/2017/02/18/12-things-about-product-market-fit/.

64 Ivaylo Kalburdzhiev, "Kolossal failure: 10 lessons I learned from burning through $50,000 on a hardware project that bombed," Tech.EU, April 16, 2015, accessed April 18, 2018, http://tech.eu/features/4346/kolos-kickstarter-story.

65 Julianne Pepitone, "Why 84⊠ of Kickstarter's top projects shipped late," money.CNN.com, December 18, 2012, accessed April 18, 2018, http://money.cnn.com/2012/12/18/technology/innovation/kickstarter-ship-delay/index.html.

66 Kickstarter.com, "The Kickstarter Fulfillment Report," accessed April 18, 2018, https://www.kickstarter.com/fulfillment.

67 Alyson Shontell, "How Raising $291,000 On Kickstarter Nearly Killed Underwear Startup Flint And Tinder," Business Insider, December 18, 2012, accessed April 18, 2018, http://www.businessinsider.com/flint-and-tinder-jake-bronstein-kickstarter-2012-12.

68 Haje Jan Kamps, "How Triggertrap's $500k Kickstarter campaign crashed and burned," Medium, March 1, 2015, accessed April 18, 2018, https://medium.com

69 Jonathan Golden, "Lessons Learned Scaling Airbnb 100X," Medium, August 15, 2017, accessed April 18, 2018, https://medium.com/@jgolden/lessons-learned-scaling-airbnb-100x-b862364fb3a7.

70 Milton Glaser, "Ten Things I Have Learned: Part of an AIGA Talk in London," MiltonGlaser.com, accessed April 18, 2018, http://www.miltonglaser.com/milton/c:essays/#4.

71 Roger Ehrenberg, "Monitor110: A Post Mortem," Business Insider, July 19, 2008, accessed April 18, 2018, http://www.businessinsider.com/2008/7/monitor110-a-post-mortem.

72 Brett Harned, "Th e How and Why of Using Milestones in Your Project Plan," TeamGantt, February 14, 2017, accessed April 18, 2018 https://www.teamgantt.com/blog/the-how-and-why-of-using-milestones-inyour-project-plan/.

73 The Engineer, "Hyatt Regency Walkway Collapse," Engineering.com, October, 24, 2006, accessed September 5, 2018, https://www.engineering.com/Library/ArticlesPage/tabid/85/articleType/ArticleView/ArticleID/175/PageID/199/Default.aspx.

74 See Ries, Marcus and Diana Summers, Agile Project Management: A Complete Beginner's Guide To Agile Project Management. CreateSpace Independent Publishing Platform, 2016.

75 Audrey Ledoux, "Spinvite—The Party's Over: A Post-Mortem," AudreyLedoux.com, March 4, 2018, accessed April 18, 2018, https://www.audreyledoux.com/single-post/2017/09/12/Spinvite---The-Partys-Over-A-Postmortem.

76 Lindsay Blakely, "How We Landed on Target's Shelves," CBSNews Money Watch, January 11, 2011, accessed April 18, 2018, https://www.cbsnews.com/news/how-we-landed-on-targets-shelves/.

77 大部分專利在發明後可以使用二十年。不過，藥品平均需要花八年才能上市，因此只剩十二年的專利獨占期。

78 Sarah Perez, "Report: Smartphone owners are using 9 apps per day, 30 per month," Techcrunch.com, May 4, 2017, accessed April 18, 2018, https://techcrunch.com/2017/05/04/report-smartphone-owners-are-using-9-apps-per-day-30-per-month/.

79 Sam Levin, "Squeezed out: widely mocked startup Juicero is shutting down," The Guardian.com, September 1, 2017, accessed May 5, 2018, https://www.theguardian.com/technology/2017/sep/01/juicero-silicon-valley-shutting-down.

80 Dimensional Research, "The impact of customer service on customer lifetime value," Zendesk.com Library, April 2013, accessed April 18, 2018, https://www.zendesk.com/resources/customer-service-and-lifetime-customer-value/.

第六章

81 Peter Relan, "Where Webvan Failed And How Home Delivery 2.0 Could Succeed," Techcrunch.com, September 28, 2013, accessed November 22, 2017, https://techcrunch.com/2013/09/27/why-webvan-failedand-how-home-delivery-2-0-is-addressing-the-problems.

82 同上。

83 Collins, James C. and Jerry I. Porras. Built to Last: Successful Habits of Visionary Companies. New York: HarperBusiness, 1997.

84 Alex Blumberg, "Gimlet 2: Is Podcasting the Future or the Past?" September 5, 2014.

85 Prasad Kaipa, "What Wise Leaders Always Follow," HBR.org, January 18, 2012, accessed November 22, 2017, https://hbr.org/2012/01/what-wise-leaders-always-follo.

86 Hsu M, Bhatt M, Adolphs R, Tranel D, and Camerer CF (2005), "Neural systems responding to degrees of uncertainty in human decision-making," Science. 310,1680-1683. Also Campbell-Meiklejohn, D. K., et al (2008), "Knowing when to stop: The Brain Mechanisms of Chasing Losses," Biological Psychiatry. 63, 293.

87 For more information, see Laureiro-Martínez et al., "Understanding the Exploration-Exploitation Dilemma: An fMRI Study of Attention Control and Decision-Making Performance," Strategic Management Journal, 36 (2015), 319. Also Laureiro-Martínez D, et al., "Frontopolar Cortex and Decision-Making Efficiency: Comparing Brain Activity of Experts with Different Professional Background During an Exploration-Exploitation Task," Frontiers in Human Neuroscience. 7:927 (2014), 1.

88 Guy Raz, interview of Samuel Adams: Jim Koch, How I Built This from NPR, October 31, 2016, https://one.npr.org/?sharedMediaId=499205761:499297694.

89 For more, see Goldratt, Eliyahu M. and Jeff Cox, The Goal: A Process of Ongoing Improvement. Great Barrington, MA: North River Press, 2004, and H. William Dettmer, Goldratt's Theory of Constraints: A Systems Approach to Continuous Improvement. Milwaukee, WI: ASQC Quality Press, 1997.90 Andrew Pollack, "Elizabeth Holmes of Theranos is Barred from Running Lab for 2 Years," The New York Times, July 8, 2016, accessed September 22, 2017, https://www.nytimes.com/2016/07/09/business/theranos-elizabeth-holmes-ban.html.

91 John Carreyrou, "Safeway, Theranos Split After $350 Million Deal Fizzles," The Wall Street Journal, November 10, 2015, accessed September 22, 2017, http://www.wsj.com/articles/safeway-theranos-split-after-350-million-deal-fizzles-1447205796.

第七章

92 Kaplan, Robert S., and David P. Norton, "Linking the Balanced Scorecard to Strategy." California Management Review. 39: 1(1996), 53.

93 Liz Ryan, "'If You Can't Measure It, You Can't Manage It': Not True," Forbes.com, February 10, 2014, Accessed September 22, 2017, https://www.forbes.com/sites/lizryan/2014/02/10/if-you-cant-measure-ityou-cant-manage-it-is-bs/#122a69107b8b

94 Emily Canal, "Jawbone, Once Valued at $3 Billion, Is Going Out of Business. Here's What Went Wrong." Inc., July 7, 2017, https://www.inc.com/emily-canal/jawbone-going-out-of-business.html.

95 Moore, Geoffrey A., Crossing the Chasm: Marketing and Selling High-Tech Products to Mainstream Customers. New York: HarperBusiness, 1991.

96 Source: http://www.theagileelephant.com/wp-ontent/uploads/2015/08/Moores-Chasm.jpg.

97 Source: http://boxofficemojo.com.

98 Porter, M. E., "What Is Strategy?" Harvard Business Review. 74:6 (1996), 61.

第九章

99 Gardiner, Robin, Titanic: The Ship That Never Sank? Sheperton, UK: Ian Allan Publishing, 1988.

100 Mike Bird, "There's a crazy conspiracy theory that the Rothschilds Sank the Titanic to set up the Federal Reserve," Business Insider, October 12, 2015, accessed September 22, 2017, http://www.businessinsider.com/conspiracy-theory-that-the-rothschilds-and-federal-reserve-proponents-sank-the-titanic-2015-10.

101 Telegraph Reporters, "Huge fire ripped through Titanic before it struck iceberg, fresh evidence suggests," The Telegraph, December 31, 2016, accessed September 22, 2017, http://www.telegraph.co.uk/news/2016/12/31/huge-fire-ripped-titanic-struck-iceberg-fresh-evidence-suggests/.

102 Ewing Marion Kauffman Foundation New Entrepreneurial Growth Agenda, "Section 3: Entrepreneurial Trends," accessed April 9, 2018, https://www.kauffman.org/neg/section-3.

國家圖書館出版品預行編目 (CIP) 資料

鐵達尼效應：新創公司如何管理隱性債務，橫渡充滿冰山的大洋 / 托德 . 薩克斯頓 (Todd Saxton), M. 金 . 薩克斯頓 (M. Kim Saxton), 麥可 . 柯蘭 (Michael Cloran) 作 ; 劉奕吟譯 . -- 初版 . -- 臺北市 : 遠流 , 2020.04
面； 公分
譯自 : The Titanic effect : successfully navigating the uncertainties that sink most startups
ISBN 978-957-32-8751-3(平裝)
1. 創業 2. 企業經營
494.1 109003115

鐵達尼效應

新創公司如何管理隱性債務，橫渡充滿冰山的大洋

作　　者——托德・薩克斯頓（Todd Saxton）、M・金・薩克斯頓（M. KimSaxton）、麥可・柯蘭（Michael Cloran）
譯　　者——劉奕吟
總監暨總編輯——林馨琴
責任編輯——楊伊琳
行銷企畫——趙揚光
美術設計——陳文德
內頁排版——邱方鈺

發 行 人——王榮文
出版發行——遠流出版事業股份有限公司
地址：台北市 10084 南昌路二段 81 號 6 樓
電話：（02）23926899　傳真：（02）23926658
郵撥：0189456-1
著作權顧問——蕭雄淋律師

2020 年 4 月 1 日　初版一刷
新台幣定價 420 元　（缺頁或破損的書，請寄回更換）

ISBN 978-957-32-8751-3